溶胶-凝胶和碳热还原法合成纳米二硼化锆粉末及其形貌控制的研究

张　云◎著

中国原子能出版社

图书在版编目（CIP）数据

溶胶-凝胶和碳热还原法合成纳米二硼化锆粉末及其形貌控制的研究 / 张云著. -- 北京：中国原子能出版社，2023.6

ISBN 978-7-5221-2774-3

Ⅰ. ①溶⋯　Ⅱ. ①张⋯　Ⅲ. ①高温陶瓷–纳米材料–复合粉–溶胶–凝胶法–碳热还原–研究　Ⅳ.
①TQ174.75

中国国家版本馆 CIP 数据核字（2023）第 164402 号

溶胶-凝胶和碳热还原法合成纳米二硼化锆粉末及其形貌控制的研究

出版发行	中国原子能出版社（北京市海淀区阜成路 43 号　100048）
责任编辑	张　磊
责任印制	赵　明
印　　刷	北京金港印刷有限公司
经　　销	全国新华书店
开　　本	787 mm×1092 mm　1/16
印　　张	6.375
字　　数	189 千字
版　　次	2023 年 6 月第 1 版　2023 年 6 月第 1 次印刷
书　　号	ISBN 978-7-5221-2774-3　　　定　价　60.00 元

网址： http://www.aep.com.cn　　　**E-mail：** atomep123@126.com
发行电话： 010-68452845

作者简介

张云，女，汉族，1983 年 3 月 20 日出生，籍贯为山西长治；2001 年 9 月考入山西大学化学与化工学院，2005 年 7 月本科毕业获理学学士学位；2005 年 9 月考入西南大学化学与化工学院，师从袁若教授攻读无机化学专业，2008 年 7 月获无机化学理学硕士学位；2009 年 9 月考入北京航空航天大学材料科学与工程学院，师从李锐星教授攻读材料物理与化学专业博士学位至今。

前　言

二硼化锆（ZrB_2）陶瓷作为一种重要的超高温材料，是超高温材料领域的研究热点，然而目前超高温陶瓷材料主要应用于异型件或复合材料。我们查到的国外关于溶胶-凝胶和碳热还原法合成二硼化锆粉末的报道中，使用原料多达七种、合成过程由两条流程路线组成，国内相关报道的合成路线为一条，但上述文献都使用酚醛树脂作为碳热还原的碳源。

鉴于此，本书选择溶胶-凝胶和碳热还原法作为研制 ZrB_2 及 ZrB_2 基复相陶瓷的前期工艺方法和途径，以合成纳米 ZrB_2 及 ZrB_2 基复合粉末为目标，研究和探讨在实现我们的最终目标——研制 ZrB_2 及其 ZrB_2 基复相陶瓷时可能遇到的科学以及工艺方面的基础性、共性问题，为将来自制溶胶-凝胶的应用，如表面涂覆、凝胶注模成型等更接近最终产品的应用开展前期探索性研究，并提供理论和实验依据。

本研究首先对 ZrO_2-B_2O_3-C 反应体系进行了热力学计算和总体实验设计，在使用乙酰丙酮的基础上，使用正丙醇锆、蔗糖、硼酸和醋酸四种原料，借助溶胶-凝胶和碳热还原法成功合成了纳米 ZrB_2 粉末，这一反应体系迄今尚未见到国内外文献报道；然后通过控制过程中的物理、化学参数以及碳热还原参数实现了 ZrB_2 粉末的形貌控制。

与国外的研究相比，本研究的原料从正丙醇锆、酚醛树脂、硼酸、正丙醇、乙酰丙酮、无机酸和水共七种减少到四种，从而使得合成过程由两条流程线变为一条，显著减少了原材料的种类，缩短了工艺流程，简化了工序。与国外的 ZrB_2 粉末相比，本研究的团聚明显减轻，粉末晶粒度从 200 nm 降到 62 nm；与国内的结果相比，本研究的晶粒度从 2～4 μm 降到 62 nm。在上述研究的基础上，我们分别合成了 ZrB_2-SiC 和 ZrB_2-TiB_2 两种双相陶瓷复合粉末。本研究的实验结果验证了采用比国外合成二硼化锆粉末简化的溶胶-凝胶法合成 ZrO_2-B_2O_3-C 前驱体，再经碳热还原合成纳米 ZrB_2 粉末、ZrB_2-SiC 和 ZrB_2-TiB_2 复合粉末的设想是可行的。

本书选题新颖独到、结构科学合理、内容丰富详实，为将来采用溶胶-凝胶和碳热还原法研制 ZrB2 陶瓷材料及其相关产品提供了更大的空间和更多的可能性，可作为有关专业科研学者和工作人员的参考用书。

笔者在本书的撰写过程中，参考并引用了许多国内外学者的相关研究成果，也得到了许多专家和同行的帮助和支持，在此表示诚挚的感谢。由于笔者的专业领域和实验环境所限，加之笔者研究水平有限，本书难以做到全面系统，疏漏之处在所难免，敬请同行和读者提出宝贵意见。

目 录

第1章

绪　论

1.1　二硼化锆陶瓷材料简介

二硼化锆（ZrB_2）陶瓷因具有高熔点和高硬度、导电导热性好、良好的中子控制能力等特点，所以在高温结构陶瓷材料、复合材料、耐火材料、电极材料以及核控制材料等领域中得到日益广泛的应用，成为目前最有前途的超高温陶瓷材料之一。

超高温材料（ultra-high temperature materials，UHTMs）作为材料家族中的重要一类，是指在高温环境下（如大于 2 000 ℃）以及有氧气氛等苛刻环境条件下能够保持物理和化学稳定性的一种特殊材料。超高温材料具有高温强度和高温抗氧化性，能够适应超高音速长时飞行、大气层再入、跨大气层飞行和火箭推进系统等极端环境，可用于飞行器鼻锥、机翼前缘、发动机热端等各种关键部位或部件[1-3]。目前尚未对超高温材料的特殊温度和气氛严格界定，一般认为服役温度超过 2 000 ℃的材料就是超高温材料。超高温陶瓷材料是超高温材料中的一个重要组成部分。陶瓷材料具有熔点高、高温强度稳定、热稳定性好、热膨胀系数小、抗氧化性好、密度低、硬度大、耐磨、资源丰富等特点。陶瓷的共价键结构使其在高温下仍然具有高强度、高刚度、高硬度和耐磨性等优异性能，再加上这种材料的密度较低（约为高温合金的 1/3），使其成为应用于高温的一种很有前景的材料。因此，20 世纪 60 年代以来，高温陶瓷材料在航空、航天等领域，特别是在固体火箭发动机制造、飞行器热防护方面，已经开始挑战传统的高温合金。

超高温陶瓷材料主要由高熔点硼化物、碳化物、氮化物及氧化物等组成体系。热力学分析表明，硼化物在高温下具有比碳化物更好的稳定性，因此在保护气氛中可以用于很高的温度。目前，钛（Ti）、锆（Zr）、铪（Hf）和钽（Ta）等金属的硼化物是研究的重点。这些硼化物陶瓷因强共价键的存在而具有高熔点、高硬度、低蒸发率、高弹性模量以及高热导率和电导率的优良性质，与其他陶瓷相比具有良好的抗热震性能，从而可以用作超高温结构材料。

1.1.1 二硼化锆的性质

二硼化锆是硼化物中的一种主要和常见材料。图 1.1[4]是硼-锆二元相图，由图可知，在硼-锆二元体系中存在三种不同组成的硼化锆：一硼化锆（ZrB）、二硼化锆（ZrB$_2$）、十二硼化锆（ZrB$_{12}$），其中 ZrB$_2$ 在很宽的温度范围内是稳定的，工业生产制得的硼化锆和目前应用的硼化锆均是以 ZrB$_2$ 为主要成分[5]。

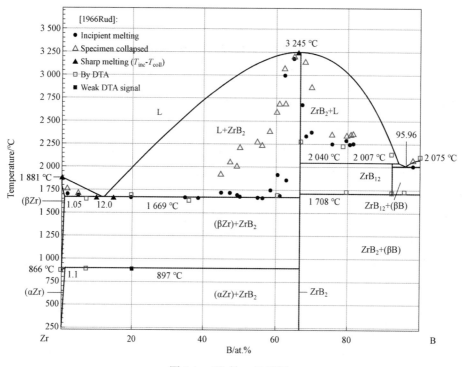

图 1.1　硼-锆二元相图

图 1.2[6]是 ZrB$_2$ 晶体结构示意图。ZrB$_2$ 是六方晶系 C32 型结构的准金属结构化合物，属于间隙相共价键化合物。硼的电离势较低，在同 d 电子层高度与未饱和的金属锆形成化合物时，电子向金属的原子骨架靠拢，形成类似金属间化合物的金属相。B 原子尺寸较大，并且 B 与 B 可形成多种复杂的共价键。晶体结构中的硼原子面和锆原子面交替出现构成二维网状结构，这种类似于石墨结构的硼原子层状结构和锆外层电子结构决定了 ZrB$_2$ 具有良好的导电性和金属光泽。离域大 π 键中游离态的电子可迁移决定了 ZrB$_2$ 具有良好的导电性和导热性，而硼原子面和锆原子面之间的 Zr-B 离子键以及 B-B 共价键的强键性决定了这种材料的高硬度、脆性和稳定性[7]，因此 ZrB$_2$ 具有高熔点、高硬度、高稳定性和良好的导电、导热性，以及较高的抗腐蚀性等特点[8]。ZrB$_2$ 的基本性质具体见表 1.1。

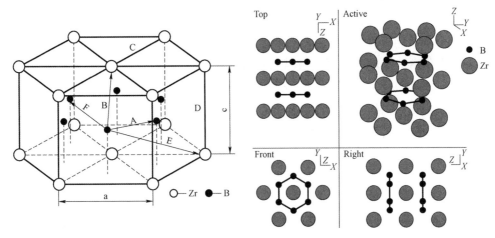

图 1.2　ZrB_2 晶体结构示意图

表 1.1　ZrB_2 陶瓷的基本性质

性能	参数
体积密度/（g/cm^3）	6.09
熔点/℃	3 245
蒸气压（1 800 ℃）/Pa	4.3×10^{-3}
热膨胀系数/（10^{-6}/℃）	5.9
电阻率（25 ℃）/（Ω·cm）	10^{-5}
莫氏硬度	9
显微硬度/（kg/mm^2）	2 250
弹性模量/10^5·Pa	3.43
最高使用温度（氧化气氛）/℃	1 100～1 400
最高使用温度（惰性气氛）/℃	3 200
标准生成焓/（kJ/mol）	−322.59
标准生成熵/（J/mol·℃）	35.84

　　由于 ZrB_2 具有高熔点、高硬度、高稳定性和良好的导电、导热性，所以 ZrB_2 材料在耐高温环境中是最有前途的材料之一。然而 ZrB_2 材料是由 ZrB_2 粉末烧结而成的，因此 ZrB_2 粉末的特性直接制约着 ZrB_2 材料的应用。

1.1.2　二硼化锆粉末的合成方法

　　ZrB_2 粉末的合成方法主要有直接合成法、硼热还原法、碳或碳化硼还原法、自蔓延高温合成（Self-Propagation high temperature synthesis，SHS）法、水热法、溶胶-凝胶（Sol-Gel）和碳热还原法等，这些合成方法在许多文献中均有报道。

1.1.2.1 直接合成法

Zr 和 B 在惰性气体或真空中高温反应直接合成：

$$Zr + B \rightarrow ZrB_2 \tag{1-1}$$

该方法合成的粉末纯度高，合成的条件比较简单，但原料比较昂贵，合成的 ZrB_2 粉末粒度粗、活性低，不利于粉末的烧结以及后加工处理，同时需要高温环境，能耗高。

1.1.2.2 硼热还原法

金属锆的氧化物与 B 在高温下反应生成 ZrB_2 和硼的氧化物，可能是 B_2O_3，也可能是 B_2O_2[9-14]：

$$3ZrO_2 + 10B \rightarrow 3ZrB_2 + 2B_2O_3 \tag{1-2}$$

$$ZrO_2 + 6B \rightarrow ZrB_2 + 2B_2O_2 \tag{1-3}$$

Ran 等[15]人采用硼热还原法，根据反应式（1-2），在 1 000 ℃下真空热解 2 h 合成了不含残留 ZrO_2 的 ZrB_2 粉体，但是该粉体含有少量硼化物杂质，获得单一 ZrB_2 相热解需要高于 1 500 ℃。Millet 等[16]人使用 ZrO_2 和无定形硼粉，根据反应式（1-3），在 1 100 ℃下合成得到了含有残留 ZrO_2 的 ZrB_2 粉体，在该研究中，他们对粉体进行了 20 h 的高能球磨。

本研究的前期工作[17]采用自制的 ZrO_2，以反应式（1-3）的硼热还原反应为基础，引入纳米碳粉，从而实现纳米碳促进的硼热还原反应，使得在 1 550 ℃无法结束的反应式（1-3）在保温 2 h 后结束，合成了无残留 ZrO_2 的单相 ZrB_2 粉末：

$$ZrO_2 + 2B + 2C \rightarrow ZrB_2 + 2CO \tag{1-4}$$

1.1.2.3 碳或碳化硼还原法

金属 Zr（或金属氧化物、氢化物）与 B_4C 在高温炉中长时间反应生成 ZrB_2：

$$2ZrO_2 + B_4C + 3C \rightarrow 2ZrB_2 + 4CO \tag{1-5}$$

Zhao 等[18]人对 ZrO_2-B_4C-C 体系进行研究，发现反应在低温阶段（1 400 ℃左右）按碳化硼还原反应式（1-6）进行：

$$ZrO_2 + 5/6B_4C \rightarrow ZrB_2 + 2/3B_2O_3 + 5/6C \tag{1-6}$$

在高温阶段（1 600 ℃）按碳化还原反应式（1-7）进行：

$$ZrO_2 + B_2O_3 + 5C \rightarrow ZrB_2 + 5CO \tag{1-7}$$

在式（1-6）和式（1-7）的反应体系中，由于中间产物 B_2O_3 熔点低、蒸汽压高，高温下容易挥发[19]，因此反应前需加入过量的 B_4C 以弥补硼的损失，从而得到高纯的 ZrB_2 粉末。合成温度越高，保温时间越长，最终产物 ZrB_2 中氧和碳杂质的含量越低，但是合成粉末的粒度会越大，因此选择合适的合成温度（如 1 700 ℃左右）和保温时间

（1 h 左右）对合成高纯超细的 ZrB_2 粉末来说很重要。

马成良等[20]人应用同样的原理，以 ZrO_2、B_4C、C 为原料，采用碳热还原法分别在真空感应炉和电弧炉中完成了 ZrB_2 粉体的工业合成，总反应式为式（1-5）。他们研究了工业合成二硼化锆粉体的反应过程、产物组成和结构以及工艺影响因素，结果表明，以 ZrO_2、B_4C、C 为原料，采用碳热还原法工业合成二硼化锆粉体的工艺路线可行，产品质量好，二硼化锆粉体纯度大于 98%（质量百分比），粉体粒度为 1～4 μm。

工业上大量合成 ZrB_2 的方法主要是还原 ZrO_2 的方法，还原剂可用 C 或 B_4C，用碳化硼（B_4C）比用碳好，因为用碳还原合成二硼化锆时，硼酐（B_2O_3）是硼的来源之一，不管是采用电弧熔融合成还是固相反应合成工艺，由于硼酐沸点很低，在 1 000 ℃以上会大量挥发，致使合成的二硼化锆化学组成波动很大，并且熔融法的温度高，电熔速度极快，不但会造成石墨电极和石墨坩埚对产品的严重污染，还可能产生大量的副产物碳化锆；而由于 B_4C 不易挥发，因而容易准确配方，工艺稳定性好，出料率也高，所以多用 B_4C 做还原剂。

加入 B_2O_3 的目的是降低产物的碳化锆含量。该方法的原料比较容易获得，工艺比较简单，且成本低，适宜于粉末的大批量生产。其不足之处是反应过程慢、时间长，反应需要在高温条件下进行，所以能耗很大，不利于节约能量。而且此固相反应过程缓慢，反应进行得不完全，转化率不是很高，比较容易残留较多的杂质，副产品成分复杂。另外，反应时间长，产物颗粒会比较大，因而其活性不高，不利于后加工处理。

1.1.2.4 自蔓延高温合成法

粉末合成技术是 SHS 领域开展最早、最为成熟的技术之一。与传统的材料合成与合成技术相比较，SHS 方法具备许多优势，归纳起来有以下几点：① 除引燃外无需外部热源，因而耗能少，设备简单，生产效率高、成本低；② 在合成过程中，反应温度极高，可蒸发掉挥发性杂质；③ 燃烧合成过程中升温和冷却速度很快，使生成物中的缺陷和非平衡相比较集中，可以使合成产物具有较高的活性，提高烧结性能；④ 与冶金及机械技术相结合，可以在合成所需材料的同时使其致密化，直接合成形状复杂的零部件；⑤ 可以制造某些非化学计量比的产品、中间产物以及亚稳定相等。

1908 年，挪威地球化学家 Goldschmidt 首次提出"铝热反应"来描述金属氧化物与铝反应生成氧化铝和金属或合金的放热反应。1975 年，苏联科学院开始了一项新的研究工作，在"铝热反应"认识的基础之上，开展了自蔓延高温还原合成（SHS–Reduction）技术的研究。20 世纪 80 年代以后，美国和日本等国家也开始对此类合成方法开展了研究工作。由于此类反应放热量非常大，反应在点火后可以自己蔓延，故它的能量利用率非常高。该方法主要通过 SHS 反应器实现，燃烧过程在真空或充有某种气氛（如 N_2、H_2、Ar 等）的反应腔内进行，通常制得的产物是疏松的四边形坯料，经过粉碎、球磨、分级得到不同等级的粉末。根据粉末合成的化学过程，SHS 制粉工艺可以分为元素法和还原法两类。其反应式为：

$$A + B \rightarrow AB + Q \qquad (1\text{-}8)$$

式中：A——金属单质；

　　　B——非金属单质；

　　　AB——合成反应的产物；

　　　Q——反应放出的热量。

单质元素合成不能完全满足工业生产和应用的要求，其主要原因是单质元素合成的粉末原料成本太高，同时绝大多数单质粉末呈团聚状，这种粉末不适合直接烧结而获得结构理想的制品，必须通过后期处理才能达到烧结对粉末的要求。

自蔓延高温还原合成反应采用更易于得到且价格便宜的氧化物、卤化物等原料来代替原来的单质元素进行还原合成，反应式可用下式表示：

$$A_1 + B_1 + C_1 \rightarrow Z_1 + Z_2 + Q_1 \qquad (1\text{-}9)$$

式中：A_1——氧化物、卤化物，如 ZrO_2、TiO_2 等；

　　　B_1——金属还原剂，如 Mg、Al、Ca 等；

　　　C_1——非金属或非金属化合物，如 N_2、C、B_2O_3 等；

　　　Z_1——硼化物、碳化物还原产物；

　　　Z_2——金属还原剂的氧化产物，如 MgO、Al_2O_3 等；

　　　Q_1——反应放出的热量。

在燃烧合成时，首先发生氧化物被金属还原的金属热还原反应，然后被还原出的金属与非金属硼（氮、碳等）反应生成硼化物（或氮化物、碳化物等）[21]。

哈尔滨工业大学的张田梅[22]采用自蔓延镁热还原高温合成工艺，利用 ZrO_2-B_2O_3-Mg 体系放热反应，成功合成了高纯度 ZrB_2 微粉。反应自由能的计算表明，在所研究的温度范围（200～1 700 ℃）内反应 B_2O_3-Mg、Zr-B、ZrO_2-B_2O_3-Mg 生成自由能均小于零，都存在发生的可能性；反应 ZrO_2-Mg 生成自由能在温度<1 400 ℃时小于零，存在发生的可能性。差热分析表明，该反应过程经由多个中间反应直至最后完成，B_2O_3 在 450 ℃熔化，Mg 在 650 ℃熔化，三相反应的发生始于 730 ℃；首先发生的反应是 ZrO_2 和 Mg 的还原反应，其次是 B_2O_3 和 Mg 的还原反应，最后是 Zr 和 B 反应合成 ZrB_2。工艺规律研究结果表明，原料中 Mg 和 B_2O_3 的挥发对产物 ZrB_2 粉末纯度具有重要影响。随着 Mg 和 B_2O_3 含量的增加，产物纯度提高。在方程式配比基础上，Mg 质量分数过量 30%，B_2O_3 质量分数过量 5%时，得到的 ZrB_2 粉末纯度最高，为 96.31%，其中锆含量为 77.88%，硼含量为 18.43%，杂质氧含量为 1.28%，平均粒度为 2.15 μm，比表面积为 10.80 m²/g，形貌为无明显团聚的等轴状。在反应原料中加入适量的稀释剂 MgO（0～45%），可调节燃烧温度，改善 ZrB_2 粉末的形貌和粒度，随稀释剂 MgO 含量的增加，ZrB_2 粉末的平均粒度降低，为 0.41～2.15 μm。当 MgO 含量为 30%时，得到了平均粒径最小（0.41 μm）、比表面积最大（20.02 m²/g）的 ZrB_2 粉末。

Licheri 等[23]人利用该方法合成 ZrB_2-ZrC-SiC 复合材料，其反应机制为：

$$8Zr + 2BC_4 + 3.5C + 1.5Si \rightarrow 4ZrB_2 + 4ZrC + 1.5SiC \qquad (1\text{-}10)$$

研究表明，该反应的高温燃烧温度为 2 200±50 ℃，前端速度为 8 mm/s。XRD（X-ray diffraction，X 射线衍射）分析表明产物中的主相为 ZrB_2、ZrC 和 SiC，没有杂质和其他相的存在。日本北海道大学的 Tsuchida 和 Yamamoto[24]则以金属锆粉、无定形硼粉和石墨为原料，采用高能球磨和 SHS 相结合（MASHS）的方法，合成 ZrB_2-ZrC 复合粉体。研究中，他们将摩尔比为 4/2/3～6/10/1 的 Zr、B 和 C 混合后机械球磨 45～60 min，然后将粉体暴露于空气中，粉体自发燃烧，合成了 ZrB_2-ZrC 粉体。XRD 分析表明，产物中仅有六方 ZrB_2 和立方 ZrC，随反应原料摩尔比的变化，产物中 ZrB_2 和 ZrC 之间的比例不同。SEM（Scanning electron microscope，扫描电子显微镜）分析表明，合成的粉体的粒度介于亚微米级到 5 μm 之间。

武汉理工大学的方舟[25]以锆粉（Zr）、硼酐（B_2O_3）、镁粉（Mg）为原料，利用 SHS 反应：

$$Zr + B_2O_3 + 3Mg \rightarrow ZrB_2 + 3MgO \tag{1-11}$$

合成了 ZrB_2 粉末，纯度为 84.03%，平均粒径为 6 μm。

复旦大学的杨振国等[26]人以二氧化锆、硼酐、铝粉为原料，利用反应：

$$ZrO_2 + B_2O_3 + 2Al \rightarrow ZrB_2 + Al_2O_3 \tag{1-12}$$

获得了 ZrB_2 与 Al_2O_3 的复合粉末，由于 Al_2O_3 很难去除，不能获得纯净的 ZrB_2 粉末。

目前，国内很多 ZrB_2 合成方面的研究集中于 SHS 法。哈尔滨工业大学的韩杰才教授课题组、武汉理工大学的傅正义教授课题组、上海硅酸盐研究所的张国军课题组均在 ZrB_2 的研究中有较大的突破。此外，复旦大学、山东大学等高校在这方面的相关研究也在逐步展开。

自蔓延技术生产高质量粉末的方法与其他方法相比，具有过程简单、成本低、纯度高、粒度小、粉末活性高等优点。目前，此技术可合成数百种粉末，如各种碳化物、硼化物、氮化物、硫化物、硅化物、氢化物、金属间化合物等。但是由于其反应速度太快，反应有时会进行得不是很完全，杂质相应的也会比较多，而且其反应过程、产物结构以及性能都不容易控制。

1.1.2.5 水热法

由于水热法是一种适合于规模生产的湿化学合成方法，近年来，人们逐渐将它应用于各种陶瓷粉体的合成。水热法合成的陶瓷粉体具有粒径细小、颗粒均匀、结晶度高、反应活性好、致密度高等优点，而且颗粒形状可控[27]；缺点是设备要求高、技术难度大、安全性能差。Chen 等[28]人采用 $ZrCl_4$ 和 $NaBH_4$ 为原料，利用水热法在 700 ℃合成平均粒径为 10～20 nm 的二硼化锆粉末，反应方程式如下：

$$ZrCl_4 + 2NaBH_4 \rightarrow ZrB_2 + 2NaCl + 2HCl + 3H_2 \tag{1-13}$$

$$NaBH_4 \rightarrow BH_3 + NaH \tag{1-14}$$

$$ZrCl_4 + 2NaH + 2BH_3 \rightarrow ZrB_2 + 2HCl + 2NaCl + 3H_2 \tag{1-15}$$

1.1.2.6 溶胶-凝胶和碳热还原法

溶胶-凝胶法是合成材料的湿化学方法中新兴起的一种方法。该方法就是用含高化学活性组分的化合物做前驱体，在液相下将这些原料均匀混合，并进行水解、缩合化学反应，在溶液中形成稳定的透明溶胶体系，溶胶经陈化颗粒间的缓慢聚合，形成三维空间网络结构的凝胶，凝胶网络间充满了失去流动性的溶剂，形成凝胶。凝胶经过干燥、热分解、固化合成分子乃至纳米亚结构的材料。在合成过程中通过控制溶液的pH值、浓度、反应时间和反应温度等可以合成纳米级别的超细粉体。

溶胶-凝胶和碳热还原法研究的主要是胶体分散体系的一些物理、化学性能。所谓胶体分散体系是指分散相的大小 $1 \sim 100$ nm 的分散体系，在此范围内的粒子具有特殊的物理、化学性质。分散相的粒子可以是气体、液体或固体，比较重要的是固体分散在液体中的胶体分散体系——溶胶。

溶胶是指在液体介质中分散了 $1 \sim 100$ nm 粒子（基本单元）的体系，也是指微小的固体颗粒悬浮分散在液相中并且不停地进行布朗运动的体系。根据粒子与溶剂间相互作用的强弱，习惯上将溶胶分为亲液溶胶和憎液溶胶两种。亲液溶胶是指分散相和分散介质之间有很好的亲合能力和很强的溶剂化作用，因此将这类大块分散相放在分散介质中往往会自动散开，成为亲液溶胶。它们的固-液之间没有明显的相界面，如蛋白质、淀粉水溶液及其他高分子溶液等。亲液溶胶虽然具有某些溶胶特性，但本质上与普通溶胶一样属于热力学稳定体系。憎液溶胶的分散相与分散介质之间的亲合力较弱，有明显的相界面，属于热力学不稳定体系。

凝胶是指胶体颗粒或高聚物分子相互交联，空间网络状结构不断发展，最终使得溶胶液逐步失去流动性，在网状结构的孔隙中充满液体的非流动半固态的分散体系，它是含有亚微米孔和聚合链的相互连接的坚实的网络。凝胶在干燥后形成干凝胶或气凝胶，这时它是一种充满孔隙的多孔结构。一般来说，凝胶结构可分为四种：① 有序的层状结构；② 完全无序的共价聚合网络；③ 由无序控制，通过聚合形成的聚合物网络；④ 粒子的无序结构。溶胶-凝胶技术是溶胶的凝胶化过程，即液体介质中的基本单元粒子发展为三维网络结构——凝胶的过程。

溶胶是否向凝胶发展，取决于颗粒间的作用力是否能够克服凝聚时的势垒作用。因此，增加颗粒的电荷量、利用位阻效应和利用溶剂化效应等，都可以使溶胶更稳定，凝胶更困难；反之，则更容易形成凝胶。通常，由溶胶合成凝胶的方法有溶剂挥发法、冷冻法、加入非溶剂法、加入电解质法和利用化学反应产生不溶物法等。

溶胶-凝胶和碳热还原法合成粉体的过程是将所需组成的前驱体溶剂和水配成混合溶液，经水解、缩聚反应形成透明溶胶，并逐渐凝胶化，再经过干燥、热处理后，即可获得所需粉体材料。由于凝胶中含有大量液相或气孔，使得在热处理过程中不易使粉体颗粒产生严重团聚，同时在合成过程中易控制粉体颗粒尺度，因此用溶胶-凝胶和碳热还原法可合成很多种类的纳米粉体。

采用溶胶-凝胶和碳热还原法合成粉末的优点有：① 由于溶胶-凝胶和碳热还原法中所用的原料首先被分散到溶剂中而形成低粘度的溶液，在形成凝胶时，反应物之间很可能是在分子水平上被均匀地混合；② 由于经过溶液反应步骤，比较容易实现化合物分子水平上的裁剪，合成非化学计量化合物和掺杂材料；③ 由于经过溶液反应步骤，组成成分较好控制，适合合成多组分粉末；④ 化学反应容易控制，可在较低温度下合成前驱体粉末，且热分解、碳热还原的碳热还原过程可在较低温度下实现，这是由于一般在溶胶-凝胶体系中组分的扩散在纳米范围内进行，因此反应较容易进行，温度较低；⑤ 采用溶胶-凝胶和碳热还原法合成的粉末容易实现尺寸、形貌的控制；⑥ 从陶瓷材料的生产工艺过程角度考虑，溶胶-凝胶和碳热还原法可以缩短整个工艺流程，直接进行凝胶注模成型，取消了制粉、成型等工艺环节，不仅节约了能源，大大降低了成本，而且可以直接实现近终尺寸成型，烧结各种异型件；⑦ 在反应过程中，可以通过浸渍的方法在特定的材料表面进行表面涂覆，该工艺具有节约能源、设备简单、操作方便等优点。

目前，国外关于合成二硼化锆粉末的相关报道仅有美国乔治亚理工大学[29]，他们采用正丙醇锆、硼酸、酚醛树脂为原料，用溶胶-凝胶和碳热还原法合成了颗粒粒径为 200 nm 的 ZrB_2 粉末，反应机理如下：

$$(1\text{-}16)$$

水解：

$$\equiv Zr—OPr + H_2O \rightarrow \equiv Zr—OH + PrOH \tag{1-17}$$

$$\equiv Zr—acac + H_2O \rightarrow \equiv Zr—OH + acac \tag{1-18}$$

浓缩：

$$\equiv Zr—OPr + HO—Zr\equiv \rightarrow \equiv Zr—O—Zr\equiv + PrOH \tag{1-19}$$

$$\equiv Zr—OH + HO—Zr\equiv \rightarrow \equiv Zr—O—Zr\equiv + H_2O \tag{1-20}$$

式中：acac——乙酰丙酮；

PrOH——丙醇。

在经过上述一系列反应之后形成 ZrO_2 溶胶，然后再与硼酸和酚醛树脂经反应式（1-7）发生碳热还原反应得到 ZrB_2 粉末。

目前，国内关于合成二硼化锆粉末的相关报道[81]仅有北京化工大学和中科院化学所合著的一篇文章，他们在实验中采用酚醛树脂作为碳源，但由于酚醛树脂的裂解率只有 50%，在反应过程中碳的生成量无法准确确定，所以该实验存在着一定的弊端，因此需要找到一种在高温下能完全分解为碳的原料做碳源。

溶胶-凝胶和碳热还原法在合成过程中容易均匀、定量地掺入一些微量元素，实现分子水平上的均匀掺杂；在实验过程中组成成分较好控制，可合成多种复合物粉末。溶胶-凝胶技术最主要的应用是在合成薄膜和大块固体材料方面，在这些方面具有显著的优点；在反应过程中，由于实验设备简单，反应条件非常温和，因此该方法在无机材料领域得到了迅速的发展。

目前虽然有很多种合成 ZrB_2 粉末的方法，但这些方法都存在着一些不足：直接合成法的原料比较昂贵，粉末粒度粗，活性低，需要高温环境，能耗高，难以实现工业化生产；自蔓延高温合成法的反应速度快，反应不完全，合成的粉末纯度不高，反应过程不易控制；水热法的设备要求高，技术难度大，安全性能差；碳化硼还原法的能耗大，反应过程慢，反应不完全，转化率低，杂质含量高。因此，仍需要继续寻找更为合适的合成方法。

溶胶-凝胶和碳热还原法相对于其他合成方法有一些自身的优点：原料可以在分子水平上均匀地混合，反应过程容易控制，反应温度较低，容易实现分子水平上的均匀掺杂，组成成分较好控制，适合合成多组分粉末且采用此方法可以合成纳米级别的粉末。纳米粉末具有较高的反应活性，在烧结时可以提供促进粉末烧结的驱动力，而且在制备高密度磁记录材料、吸波隐身材料、磁流体材料、防辐射材料等方面都有着重要的作用。因此，采用溶胶-凝胶和碳热还原法合成纳米 ZrB_2 粉末具有重要的意义。

1.2　纳米材料的研究概述

纳米科学是 20 世纪 80 年代末期诞生并正在崛起的一个新的科学领域，它所研究的是人类过去从未涉及的非宏观、非微观的中间领域，使人们改造自然的能力直接延伸到分子、原子水平，标志着人类的科学技术进入了一个新的时代。纳米科技发展迅速，前景诱人，必将成为 21 世纪科学的前沿和主导。目前，纳米科技主要包括纳米体系物理学、纳米化学、纳米材料学、纳米生物学、纳米电子学、纳米力学、纳米加工学。其中，纳米材料学作为材料科学新崛起的一个分支，因在理论上的重要意义和应用上的巨大潜力而成为科学研究的前沿和热点[30]。

纳米材料又称纳米结构材料，是指三维空间尺寸至少有一维处于纳米量级（1～100 nm）或晶界为纳米量级的材料。如果按维数划分，纳米材料的基本单元可以分为：① 零维，指在空间的三维均在纳米尺度，如纳米尺度颗粒、原子团簇等；② 一维，指在空间有两维处于纳米尺度，如纳米棒、纳米管、纳米线等；③ 二维，指在三维空间中有一维在纳米尺度，如超薄膜、多层膜和超晶格等，这些单元往往具有量子性质，所以对零维、一维和二维的基本单元又分别有量子点、量子线和量子肼之称[31]，该定义中的空间维数是指未被约束的自由度[32]；④ 三维，有些材料，它们整体在三维方向都超过了纳米范围，但是它们由纳米材料构成，并且也具有纳米材料的性质，因此也属于纳米材料范畴。其中，纳米微粒的研究是纳米材料开发中的一个极其重要的内容，其特殊的结构层次赋予了其既有别于体相材料又不同于单个分子的特殊性质，使它在磁性、催化性、光吸收、热阻和熔点等方面具有特异性能，表现在：量子尺寸效应带来的能级改变、能隙变宽，使微粒的发射能量增加，光学吸收向短波方向移动，直观上表现为样品颜色的变化，如 CdS 微粒由黄色变为浅黄色[33]，金的微粒失去金属光泽变为黑色[34]，有趣的是 Cd_3P_2 微粒降至 1.5 nm 时，其颜色会从黑变为红、橙、黄，最后变为无色[35]。量子尺寸效应带来的能级改变不仅导致了纳米微粒的光谱性质的变化，同时也使半导体纳米微粒产生大的光学三阶非线性响应。而量子尺寸效应带来的能隙变宽，使半导体纳米微粒还原及氧化能力增强，具有更优异的光电催化活性。此外，用纳米粉末合成的超细晶粒硬质合金具有比常规硬质合金高得多的强韧性、硬度和耐磨性，并且加工温度低，能耗少。因此，纳米材料在化工、建材、冶金、电子、医药、生物工程、陶瓷、农药、涂料、国防及尖端科学等领域具有极为广阔的市场前景[36-38]。

1.2.1 纳米材料的基本特性

纳米材料特有的结构导致了以下宏观物质所不具有的量子尺寸效应[39-43]、小尺寸效应[44]、表面效应[45-47]、宏观量子隧道效应[48,49]和介电限域效应[50]等基本的物理效应。

1.2.1.1 量子尺寸效应

当粒子尺寸下降到某一值时，金属费米能级附近的电子能级由准连续变为离散能级的现象和纳米半导体微粒存在不连续的最高被占据分子轨道和最低未被占据的分子轨道能级，能隙变宽的现象均称为量子尺寸效应。金属或半导体纳米微粒的电子态由体相材料的连续能带过渡到分立结构的能级，表现在光学吸收谱上从没有结构的宽吸收过渡到具有结构的特征吸收。量子尺寸效应带来的能级改变、能隙变宽，使微粒的发射能量增加，光学吸收向短波长方向移动（蓝移），直观上表现为样品颜色的变化。

1.2.1.2 小尺寸效应

当物质的体积减小时，将会出现两种情形：一种是物质本身的性质不发生变化，而只有那些与体积密切相关的性质发生变化，如半导体电子自由程变小，磁体的磁区变小等；另一种是物质本身的性质也发生了变化，当纳米材料的尺寸与传导电子的德布罗意波长相当或更小时，周期性的边界条件将被破坏，材料的磁性、内压、光吸收、热阻、化学活性、催化活性及熔点等与普通晶粒相比都有很大的变化，这就是纳米材料的体积效应，亦即小尺寸效应。

1.2.1.3　表面效应

纳米微粒处在 1～100 nm 的小尺度区域时，必然使表面原子所占的比例增大。当表面原子数增加到一定程度时，则粒子性能更多地由表面原子而不是由晶格上的原子决定。表面原子数增多、原子配位不足以及较高的表面能导致纳米微粒表面存在许多缺陷，使这些表面具有很高的活性[51,52]。这不但引起纳米粒子表面原子输运和构型的变化，同时也引起表面电子自旋构象和电子能谱的变化，对纳米微粒的光化学、电学及非线性光学性质等具有重要影响[53,54]。

1.2.1.4　宏观量子隧道效应

微观粒子具有贯穿势垒的能力称为隧道效应。近年来，人们发现一些宏观量，如微粒的磁化强度、量子相干器件中的磁通量以及电荷等也具有隧道效应，它们可以穿越宏观系统中的势垒并产生变化，称为宏观量子隧道效应[55]。利用这个概念可以定性解释超细镍粉在低温下继续保持超顺磁性。钟文定等[56]人采用扫描隧道显微技术控制磁性粒子的沉淀并研究低温条件下微粒磁化率对频率的依赖性，证实了低温下确实存在磁的宏观量子隧道效应。

1.2.1.5　介电限域效应

当在半导体纳米材料表面修饰某种介电常数较小的介质时，相对裸露半导体材料周围的其他介质而言，被表面修饰的纳米材料中电荷载体产生的电力线更容易穿透这层介电常数较小的包覆介质，因此屏蔽效应减弱，同时带电粒子间的库仑作用力增强，结果增强了激子的结合能和振子强度，这就称为介电限域效应。

纳米材料是由纳米粉末烧结而成，而且所形成的纳米材料具有一般材料所不具备的一些特性，因此研究纳米粉末的合成具有重要的意义。目前，除了前文介绍的溶胶-凝胶和碳热还原法，还有其他许多方法可以合成纳米粉末。

1.2.2　纳米粉末的合成方法

在过去，一般把超微粒子（包括 1～100 nm 微粒）的合成方法分为物理方法和化学方法两大类。但根据近年来的研究趋势，众多学者更倾向于将合成纳米微粒的方法按气相法、液相法和固相法来分类。

1.2.2.1　气相法

1. 气体冷凝法

气体冷凝法是指在低压的氢、氮等惰性气体中加热金属，使其蒸发后，利用惰性气体的对流冷凝，在冷却板上形成超微粒或纳米粒子。该合成方法的特点是纳米微粒纯度高、粒度可控，但效率低。

2. 活性氢-熔融金属反应法

活性氢-熔融金属反应法是指使含有氢气的等离子体与金属间产生电弧，使金属熔融，电离的惰性气体和氢气溶入熔融金属，然后释放出来，在气相中形成金属的纳米微粒。该合成方法的特点是超微粒的生成量随等离子气体中氢气浓度的增加而上升。

3. 溅射法

溅射法是指利用在两个极板间放电产生的电弧加热，使蒸发出来的原子形成纳米微粒。该合成方法的特点是可以用来合成高熔点的金属微粒。

4. 通电加热蒸发法

通电加热蒸发法是指通过碳棒与金属相接触，通电加热使金属熔化，金属与高温碳素反应并蒸发形成碳化物超微粒子。

5. 激光诱导化学气相沉积法

激光诱导化学气相沉积法是指利用反应气体分子（或光敏剂分子）对特定波长激光束的吸收，引起反应气体分子激光光解（紫外光解或红外多光子光解）、激光热解、激光光敏化和激光诱导化学合成反应，在一定工艺条件下（激光功率密度、反应池压力、反应气体配比和流速、反应温度等），获得超细微粒空间成核和生长。

6. 爆炸丝法

爆炸丝法是指利用金属丝在电流作用下熔断的瞬间放电，使融融的金属在放电过程中进一步加热变成蒸气，在惰性气体碰撞下形成纳米金属或合金粒子，沉降在容器底部。该合成方法适于生产纳米金属、合金和金属氧化物，但是纳米颗粒的纯度受到影响。

7. 化学气相凝聚法和燃烧火焰-化学气相凝聚法

化学气相凝聚法的基本原理是利用高纯惰性气体作为载气，携带金属有机前驱体进入钨丝炉，在高温、低压状态下，原料热解形成团簇，进而形成纳米粒子，最后冷却收集。燃烧火焰-化学气相凝聚法的基本原理是采用火焰燃烧代替钨丝作为发热源，对原料加热。以上两种方法都是通过金属有机先驱物分子热解获得纳米陶瓷粉体，这两种合成方法的特点是粉体分散性良好，但是成本高，设备昂贵、复杂。

8. 气相燃烧合成法

气相燃烧合成法是指将金属氯化物盐溶液喷入蒸汽室，在火焰中生成包裹的纳米微粒，由于包裹层的存在，使纳米粒子不团聚。气相法合成纳米颗粒的方法还有很多，但都是通过将材料气化，在惰性气氛下冷凝形成纳米粒子。该合成方法的普遍特点是颗粒都达到纳米级，且具有较好的分散性；不足之处是由于要将材料气化，所耗能量大，而产出量小，不利于大规模生产。

1.2.2.2 液相法

1. 沉淀法

沉淀法是指包含一种或多种离子的可溶性盐溶液，当加入如 OH^-、$C_2O_4^{2-}$、CO_3^{2-} 等沉淀剂后，或于一定温度下使溶液发生水解，形成不溶性的氢氧化物、水合氧化物或盐类从溶液中析出，并将溶剂和溶液中原有的阴离子洗去，经热分解或脱水即得氧化物粉料。

2. 喷雾法

喷雾法是指将溶液通过各种物理手段进行物化获得超微粒子，这是一种化学与物理相结合的方法，基本过程是溶液的合成、喷雾、干燥、收集和热处理。该合成方法的特点是颗粒分布比较均匀，但颗粒粒径为亚微米级。

3. 水热法

水热法是指在特制的密闭反应容器（高压釜）里，采用水溶液作为反应介质，通过对反应容器加热，创造一个高温、高压的反应环境，使通常难溶或不溶的物质溶解并且重结晶。与其他粉体合成方法相比较，水热法具有如下特点：粉体晶粒发育完整，晶粒很小且分布均匀；团聚程度较轻；易得到合适的化学计量比和晶粒形态；可以使用较便宜的原料；省去了高温碳热还原和球磨，避免了杂质引入和结构缺陷；粉体在烧结过程中表现出很高的活性等。

4. 冷冻干燥

目前，应用最广泛的是合成高活性超微粒子的方法——冷冻干燥法。该合成方法是将金属盐的溶液雾化成微小液滴并快速冻结成固体，然后加热使冷冻液滴中的水升华气化，从而形成溶质的无机盐，经加热合成超微粒粉体。该合成方法的特点是粒子分散性好。

5. 微乳液法

微乳液法是指将两种微乳液混合后，由于胶团颗粒的碰撞，发生水核内物质的相互交换和传递，这种交换非常快。化学反应就在水核内进行，因而粒子的大小可以控制。一旦水核内的粒子长到一定尺寸，表面活性剂分子将附在粒子的表面，使粒子稳定并防止其进一步长大。该合成方法的优点是不需加热、设备简单、操作容易、粒子可控等；不足之处是由于使用了大量的表面活性剂，很难从获得的最后粒子的表面去除这些有机物。

6. 溶胶-凝胶和碳热还原法

溶胶-凝胶和碳热还原法是指用含高化学活性组分的化合物做前驱体，在液相下将这些原料均匀混合，并进行水解、缩合化学反应，在溶液中形成稳定的透明溶胶体系，溶胶经陈化颗粒间的缓慢聚合，形成三维空间网络结构的凝胶，凝胶网络间充满了失去流动性的溶剂，形成凝胶。凝胶经过干燥、热分解、固化合成分子乃至纳米亚结构的材料。该合成方法的特点是原料可以在分子水平上均匀地混合、反应过程容易控制、反应温度较低、容易实现分子水平上的均匀掺杂、组成成分较好控制，适合合成多组分粉末；不足之处是原料采用的是有机物，对人身体有害，而且如果在反应过程中控制不当，反应时间会很长。

1.2.2.3　固相法

高能球磨法是近年来固相法合成中常用的一种方法。该合成方法是利用球磨机的转动或震动使硬球对原料进行强烈撞击、研磨和搅拌，把金属或合金粉末粉碎为纳米级颗粒的方法。其特点是简单易行，通过控制条件参数，可以得到不同形貌的纳米晶材料。

综合以上论述分析不难看出，采用上述合成方法合成的纳米粉末在原料的选取、设备的选择、能耗、温度、产率等方面都存在着一些不足。因此，无论从工艺条件出发，还是从合成的粉末特性出发，溶胶-凝胶法都是合成纳米 ZrB_2 粉末较好的合成方法。

鉴于纳米材料的形貌对其性质的决定性作用，纳米材料的形貌控制仍然是这一领域最为活跃的基础性研究工作。因此，不断研究和探索新的更有效的纳米材料合成方法和技术，获得具有均匀结构形貌及稳定性能的纳米材料，并研究其相关性质是非常有意义的。

1.3　纳米粉末的形貌控制

1.3.1　工业产品对纳米粉末形貌的需求

纳米粉末的高性能是生产的经济效益所在，而对纳米粉末的形貌要求往往因用途而异。虽然在这方面没有见到 ZrB_2 的相关报道，但根据工业产品对其他纳米材料如三氧化铁、氧化铝等在形貌上的特殊要求，预计未来 ZrB_2 纳米粉末的特殊形貌也会为一些工业产品带来一些其他的优异性能，因此本书中关于合成形貌各异的 ZrB_2 纳米粉末的研究有着重要的意义。

在不同用途方面需要不同纳米材料形貌的范例很多，如在磁记录介质中[57-59]需要用长径比大于 8 的针状的 Fe_2O_3 颗粒形貌，要求三氧化铁为 γ-Fe_2O_3，在粒径方面需要颗粒粒度小于 0.3 μm；在颜料方面需要用棒状、盘状和薄板状的 Fe_2O_3 颗粒形貌，要求三氧化铁为 α-Fe_2O_3；在阻燃材料方面[60-62]需要用片状和细棱状的 Al_2O_3 颗粒形貌，在粒径方面需要细颗粒粒度的 Al_2O_3；在化妆品方面[63,64]需要用薄片状的 TiO_2 颗粒形貌；在利用热红外透明性作为颜料掺杂的特殊吸波涂料中，需要用球形的 ZnS 和 CdS 颗粒形貌，在粒径方面需要颗粒尺寸较大。

此外，一些工业产品对颗粒形貌的要求见表 1.2[65]。

表 1.2　一些工业产品对颗粒形貌的要求

序号	产品种类	对性质的要求	对颗粒形貌的要求
1	涂料、墨水、化妆品	固着力强、反光效果好	片状颗粒
2	橡胶添料	增强性和耐磨性	非长形颗粒
3	塑料添料	高冲击强度	长形颗粒
4	炸药引爆物	稳定性	光滑球形颗粒
5	洗涤剂和食品工业	流动性	球形颗粒
6	磨料	耐磨性	多角状

1.3.2　纳米粉末形貌控制机理

在很多应用上都对纳米粉末的形貌有特殊的要求[65]，因此在纳米粉末合成过程中，根据其应用需要进行粉末结构形貌控制就具有十分重要的意义。

在溶胶-凝胶和碳热还原法合成纳米粉末中，可以通过控制晶体生长、改变合成参数、添加表面活性剂等得到不同形貌的粉末，其控制机理如下所述。

1.3.2.1　通过控制晶体生长条件控制颗粒形貌

晶体生长形态由构成晶体的各族晶面的生长速率决定，与晶体的内部结构和外部生长条件密切相关。热力学控制时，晶粒生长环境的过饱和度非常低，晶体形态由生长速度最慢的晶面决定。仲维卓等[66]人提出的负离子配位多面体生长基元理论认为：显露配位多面体顶点的晶面生长速度快，显露面的晶面生长速度慢，显露棱的晶面生长速度位于两者之间。

晶体的生长速度与溶液的过饱和度有关，过饱和度越小，晶体的生长速度越慢。晶体中各个面族的生长速度不同，当过饱和度减小时，各个面族的生长速度差别增大。当过饱和度减小到一定值时，晶体中只有一个晶面方向的生长速度大于零，其他各晶面方向的生长速度接近于零，这样形成的晶体形貌为纤维状。李汶军等[67]人根据此理论，通过调节溶液的酸碱度和溶液的过饱和度，采用水热法制得了 ZnO 纤维。此外，晶体各晶面的生长速度还与配位多面体在晶面显露的元素种类有关，显露配位多面体元素种类多的晶面生长速度快[68]。此外，从氧化物粒子的结晶过程来看，生长基元在界面上的叠合是通过脱水反应来实现的，各个面族上的生长速度与该界面包含的 OH⁻ 的悬键数有关，因此晶粒形貌的调制可通过控制各个面族上的 OH⁻ 的悬键数来实现[66]。

1.3.2.2　通过改变反应条件控制颗粒形貌

在均相溶液中[69]，当溶质浓度超过临界过饱和度时，会产生瞬间的爆发成核，溶液中出现大量的固体晶核，这就是成核阶段。由于大量晶核的出现造成溶液中溶质质量亏损使其浓度下降，当浓度低于临界过饱和度时，就不会出现新的晶核，原有的晶核通过分子添加的方式长大，粒子进入受扩散控制的生长阶段。晶核生长过程包括两个阶段，即溶质向粒子表面扩散的阶段和溶质在粒子表面反应的阶段。通过改变反应条件特别是浓度、介质等，可以使成核和生长过程分开，从而达到控制产物形貌和粒径大小的目的。此外，温度也是影响反应速率的一个重要因素，不同粒子的生长速率与生长环境的温度有着很大的联系，故也可以通过调节反应物温度来达到控制纳米粒子形貌的目的。

1.3.2.3 通过聚集作用控制颗粒形貌

通过聚集作用来控制粒子形貌主要使用模板法，即利用模板来控制纳米粒子形貌的方法。这是一种常用的控制纳米粒子形貌的方法，根据模板自身的特点和限域能力的不同，模板又可分为硬模板和软模板两种。硬模板主要是指一些具有相对刚性结构的纳米多孔材料，如阳极氧化铝、多孔硅、分子筛、胶态晶体、碳纳米管和限域沉积位的量子阱等。硬模板法是利用纳米多孔材料的纳米孔或纳米管道的限制作用，使前驱物进入后自己反应或者与管壁反应生成纳米线等一维纳米材料的方法。软模板则主要指两亲分子形成的各种有序聚合体，如液晶、胶团、微乳状液、囊泡、LB 膜、自组装膜以及高分子的自组装结构和生物大分子等。软模板法是用两亲分子形成的有序聚合体做模板剂起保护作用，使颗粒不长大，同时利用界面的特性，形成多种形貌的纳米粒子的合成方法。

通过电化学方法也可以合成一定形貌的纳米粒子，它可以加入表面活性剂来进行形状诱导，也可以通过调整电压、电流、电极、电解质溶液和模板的材质来控制产物结构和形貌。在电解法控制纳米粒子的形貌中，目前认为棒状胶团的存在是关键因素，因此这也可以看作一种软模板法控制粒子形貌的方法。

近年来，通过借鉴生物矿化机理，将其用于湿法制粉领域，合成了具有复杂形貌的无机化合物粒子，已成为湿法制粉的新的发展方向[70,71]。人们利用大分子有机物的高度有序性，以此作为反应介质，模拟生物矿化过程，合成了具有复杂形状的碳酸钙、氧化铁、硫化铬等多种粒子材料和生物材料[72-74]，并对其成核、生长机理进行了详细研究。杨林等[75]人依据生物矿化的基本原理，在动态条件下以葡聚糖为模板，采用仿生的方法控制合成了具有菜叶状外貌并含有少量葡聚糖的碳酸钙复合材料。

1.3.2.4 通过加入添加剂控制颗粒形貌

通过加入添加剂对粒子形貌进行调控也是合成纳米粒子常用的方法之一，通常加入的有各种表面活性剂、大分子有机添加剂、各种阴离子、嵌段共聚物等。

近年来，双亲嵌段共聚物的功能型高分子已经发展成为能够有效控制无机晶化过程的新型晶体生长调控剂。这类高分子通常是由两个与无机表面有不同亲和作用的亲水链段构成，其中促溶链段主要起分散稳定作用，粘合链段则可选择性吸附于无机物的特定晶面上，从而达到控制无机粒子形貌的目的。目前在双亲嵌段共聚物的水溶液中已经实现了一系列具有特殊形貌的无机粒子的生物模拟合成。

1.3.3　纳米二硼化锆粉末的形貌控制研究

对纳米粉末的形貌要求往往因用途而异，而目前纳米 ZrB_2 粉末的形貌主要有以下几种。

1.3.3.1　球形

Erdem 等[76]人采用 Zr 和硼元素直接混合并添加 30%的 NaCl 进行高温燃烧反应，得到了形貌为球形的纳米 ZrB_2 粉末，如图 1.3 所示。

图 1.3　高温燃烧法合成的纳米 ZrB_2 粉末的 SEM 照片

将一定量的 Zr 粉和硼粉均匀混合之后添加 NaCl，将粉末压成高为 10 mm、直径为 8 mm 的圆柱状，理论密度为 50%～55%。然后将样品放入不锈钢反应器中点火发生反应，最后得到平均粒径为 32 nm 的 ZrB_2 粉末。生成 ZrB_2 的反应方程式如下所示：

$$Zr + 2B + (x)NaCl \rightarrow ZrB_2 + (x)NaCl \tag{1-21}$$

Khanra 等[77]人采用 DSHS 方法将 ZrO_2、Mg、H_3BO_3 和 NaCl 混合后发生反应，由于一步 SHS 使之反应发生不完全，因此引用了新技术 DSHS 使反应发生完全，最后得到了粒径为 25～40 nm 的 ZrB_2 粉末。生成 ZrB_2 的反应方程式如下所示：

$$ZrO_2 + 2H_3BO_3 + 5Mg \rightarrow ZrB_2 + 5MgO + 3H_2O \tag{1-22}$$

合成的 ZrB_2 粉末颗粒形貌为球形，如图 1.4 所示。

再次发生 SHS 的目的是将未反应的 ZrO_2 全部转化为 ZrB_2，如式（1-23）所示：

$$mB_{51}Zr + nZrO_2 \rightarrow (m + n)ZrB_2 + 2/3nB_2O_3 \tag{1-23}$$

Chen 等[28]人利用水热技术在相当低的温度、密闭高压环境中合成球形的纳米 ZrB_2 粉末：将一定量的 $ZrCl_4$ 和 $NaBH_4$ 粉末在高压釜中混合，在 Ar 气保护气氛中，在 700 ℃

下保温 24 h，冷却后经过滤、用乙醇洗涤多次以及在 60 ℃下真空干燥 6 h 得到纳米 ZrB_2 粉末，平均粒径为 20 nm。生成 ZrB_2 的反应方程式参见反应式（1-13）、反应式（1-14）和反应式（1-15）。

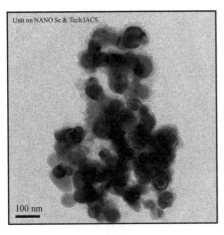
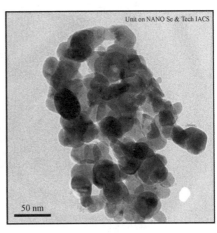

(a) 未添加 Nacl   (b) 添加 Nacl

图 1.4   DSHS 后得到的纳米 ZrB_2 粉末的 HRTEM 照片

所得到的 ZrB_2 粉末颗粒的形貌为球形，如图 1.5 所示。从图 1.5 中可以看出，颗粒分布较均匀，但是颗粒之间的团聚现象较明显。

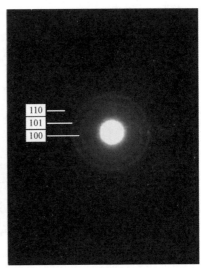

图 1.5   水热法合成的 ZrB_2 粉末的 TEM 和 SAED 照片

Yan 等[78]人采用沉淀法将一定量的 $ZrOCl_2 \cdot 8H_2O$、H_3BO_3 和酚醛树脂在乙醇做溶剂的条件下完全混合，按照反应式（1-7）发生反应，经过滤、洗涤和干燥，得到干燥的粉末，然后将此粉末经过 1 500 ℃、Ar 气保护气氛中高温碳热还原 1 h 后，得到了 ZrB_2 粉末，此粉末的颗粒粒径<200 nm，颗粒的形貌是球形，如图 1.6 所示。从图 1.6

中可以看出，颗粒分布较均匀，颗粒之间有明显的团聚现象。

图 1.6　沉淀法合成的 ZrB_2 粉末的 SEM 照片

Xie 等[29]人采用溶胶-凝胶法将一定量的正丙醇锆、H_3BO_3 和酚醛树脂在丙醇做溶剂的条件下经回流后完全混合，按照反应式（1-7）发生反应，经过滤、洗涤后，在真空干燥 24 h 后合成干凝胶，然后将研碎的干凝胶粉末经 1 400 ℃、Ar 气保护气氛中高温碳热还原 2 h 后，得到了 ZrB_2 粉末，此粉末的颗粒粒径为 20～150 nm，粉末颗粒的形貌为大小不等的球形，如图 1.7 所示。从图 1.7 中可以看出，颗粒之间有明显的团聚现象。

图 1.7　溶胶-凝胶和碳热还原法合成的 ZrB_2 粉末的 SEM 照片

1.3.3.2　不规则形貌

Hu 等[79]人也采用 SHS 方法将一定量的 Zr、B_4C 和 Al 混合，Al 在此反应中作为稀释剂起着重要的作用，首先 Al 和 Zr 先发生反应生成中间产物 $ZrAl_3$，然后再与 B_4C 反应形成 ZrB_2 粉末，总的反应方程式如下所示：

$$3Zr + B_4C + xAl \rightarrow 2ZrB_2 + ZrC + xAl \tag{1-24}$$

最后得到的 ZrB_2 和 ZrC 粉末的颗粒粒径分别为 320 nm 和 200 nm，ZrB_2 粉末颗粒形貌呈不规则状，如图 1.8 所示。

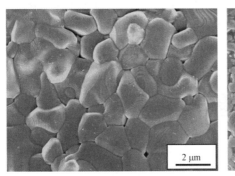
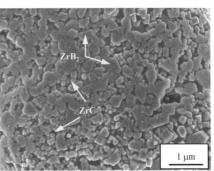

(a) ZrB_2粉末 (b) ZrB_2和ZrC复合粉末

图 1.8 SHS 法合成的 ZrB_2 粉末的 SEM 照片

Ozge 等[80]人采用碳热还原法将一定比例的 ZrO_2、B_2O_3/B 和 C 混合发生还原反应，分别得到了平均粒径分别为 500 nm 和 100 nm 的 ZrB_2 粉末。在此实验中发现，采用单质硼作为原料比 B_2O_3 作为原料所得到的粉末粒径要小。其按照反应式（1-7）和反应式（1-4）发生反应。

图 1.9（a）和图 1.9（b）是采用不同的硼源所得到的 ZrB_2 粉末颗粒形貌。从图 1.9（a）中可以看出，当采用 B_2O_3 作为硼源时，粉末颗粒的粒径达到了 500 nm；从图 1.9（b）中可以看出，当采用单质硼作为硼源时，粉末颗粒的粒径仅为 100 nm。从图 1.9 中可以看出，颗粒的形貌呈不规则状。

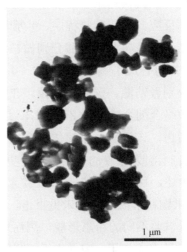

(a) B_2O_3作为硼源 (b) 单质铀作为硼源

图 1.9 碳热还原法合成的 ZrB_2 粉末的 TEM 照片

综上所述，目前纳米 ZrB_2 粉末颗粒形貌的报道主要以球形为主。虽然至今关于 ZrB_2 粉末颗粒形貌的应用尚未见报道，但粉末材料的应用具有很多共性特点，如不同的应用背景需要不同的粉末形貌。因而，单一 ZrB_2 粉末颗粒形貌将会成为未来限制 ZrB_2 粉末在更广泛应用背景下使用的潜在障碍之一。因此，本研究从机理出发，通过改变从溶胶、凝胶的形成到热解碳热还原过程中的各种参数达到控制粉末颗粒形貌的目的，合成形貌各异的 ZrB_2 粉末，从而使 ZrB_2 粉末能够得到广泛的应用。

1.4　本研究的意义与内容

1.4.1　研究意义

综上所述，ZrB_2 陶瓷作为一种重要的超高温材料，是超高温材料领域的研究热点，然而目前超高温陶瓷材料主要应用于异型件或复合材料，鉴于此，本研究选择溶胶-凝胶和碳热还原法作为研制 ZrB_2 及 ZrB_2 基复相陶瓷的前期工艺方法和途径。我们以合成纳米 ZrB_2 及 ZrB_2 基复合粉末为目标，研究和探讨在实现我们的最终目标——研制 ZrB_2 及其 ZrB_2 基复相陶瓷时可能遇到的科学以及工艺方面的基础性、共性问题，为将来自制溶胶-凝胶的应用，如表面涂覆、凝胶注模成型等更接近最终产品的应用开展前期探索性研究，并提供理论和实验依据。

迄今，国外采用溶胶-凝胶和碳热还原法合成 ZrB_2 粉末的报道[29]主要使用正丙醇锆、酚醛树脂和硼酸分别做锆源、碳源和硼源，正丙醇做溶剂，乙酰丙酮做络合剂稳定正丙醇锆以防止其快速水解，在溶胶、凝胶的形成过程中添加少量的水和无机酸促进水解和浓缩反应。上述实验程序、步骤和使用原料较多。国内的相关报道[81]主要使用乙酰丙酮锆、酚醛树脂和硼酸分别做锆源、碳源和硼源，乙醇做溶剂，在碳热还原温度为 1 600 ℃时合成了颗粒尺寸为 2～4 μm 的二硼化锆粉末。本研究使用正丙醇锆、蔗糖和硼酸分别做锆源、碳源和硼源，在使用乙酰丙酮做络合剂的基础上，使用醋酸既做溶剂又做络合剂合成纳米 ZrB_2 粉末。这一反应体系迄今尚未见到国内外文献报道。从应用方面考虑，该反应体系简化了合成过程的工序和步骤，减少了所使用原料的种类，为将来自制溶胶-凝胶的应用提供了更大的可能性。

如前文所述，目前关于纳米 ZrB_2 粉末颗粒形貌的报道主要以球形为主，虽然至今关于 ZrB_2 粉末颗粒形貌的应用未见报道，但粉末材料的应用具有很多共性特点，如不同的应用背景需要不同的粉末形貌，因而单一 ZrB_2 粉末颗粒形貌将来可能会限制其在更广泛应用背景下的使用。基于此，我们通过溶胶-凝胶和碳热还原法，探讨了 ZrB_2 粉末颗粒形貌的控制研究。

1.4.2 研究内容

本研究采用溶胶-凝胶和碳热还原法合成纳米 ZrB_2 粉末及 ZrB_2 基复合粉末，研究了不同合成条件对所获得最终粉末的相组成、形貌和尺寸等的影响。

本研究的内容主要包括以下几个方面。

（1）纳米 ZrB_2 粉末的合成：采用溶胶-凝胶和碳热还原法合成纳米 ZrB_2 粉末，分别使用正丙醇锆、硼酸、蔗糖和醋酸四种原料以及正丙醇锆、硼酸、蔗糖、醋酸、乙酰丙酮和甲醇六种原料的两大反应体系开展探索性研究。

（2）络合剂的作用：研究并探讨乙酰丙酮和醋酸分别在上述两个反应体系中的作用及其机理。

（3）溶剂的作用：研究并探讨醋酸在上述两个反应体系中的作用及其机理。

（4）原料配比的研究：由于 B_2O_3 容易挥发，本研究考虑不能完全基于化学计量比 B/Zr 的摩尔比为 2，需要探索 B/Zr 的最佳摩尔比。

（5）ZrB_2 粉末形貌的控制：改变从溶胶、凝胶的形成到热解碳热还原过程中的各种参数，如凝胶温度、溶液浓度、溶液 pH，添加表面改性剂，调整碳热还原保温时间，合成 ZrB_2 粉末颗粒的不同形貌及尺寸的产物。

（6）复合 ZrB_2 基粉末的合成：采用溶胶-凝胶和碳热还原法，开展合成 ZrB_2-SiC 和 ZrB_2-TiB_2 两种双相陶瓷粉末的研究。

（7）结晶化学机理的探讨：通过对溶胶-凝胶和碳热还原全过程的控制，对其中发生的化学反应及晶体发育进程进行研究，分别从化学和晶体学两个不同角度探讨结晶化学方面的机理性研究。

第 2 章

实验方法

2.1 实验试剂

本研究所用的主要实验试剂见表 2.1。

表 2.1 采用的主要试剂

试剂名称	纯度	厂家
正丙醇锆($Zr(OC_3H_7)_4$)	70%正丙醇	上海晶纯试剂有限公司
硼酸(H_3BO_3)	分析纯	北京化工厂
蔗糖($C_{12}H_{22}O_{11}$)	分析纯	北京化工厂
氨水($NH_3 \cdot H_2O$)	分析纯	北京化工厂
氢氧化钠($NaOH$)	分析纯	汕头市西陇化工有限公司
乙酸(CH_3COOH)	分析纯	北京化工厂
甲醇(CH_3OH)	分析纯	北京化工厂
丙醇($CH_3CH_2CH_2OH$)	分析纯	北京化工厂
乙酰丙酮($CH_3COCH_2COCH_3$)	分析纯	北京化工厂
聚乙二醇($HO(CH_2CH_2O)_nH$)	分析纯	汕头市西陇化工有限公司
乙醇(CH_3CH_2OH)	分析纯	北京化工厂
钛酸丁酯($Ti(OC_4H_9)_4$)	分析纯	北京化工厂
正硅酸乙酯($Si(OC_2H_5)_4$)	分析纯	北京化工厂
油酸($C_{17}H_{33}COOH$)	分析纯	北京化工厂

2.2 实验仪器

本研究所用的主要实验仪器及设备见表 2.2。

表 2.2　主要实验仪器

设备名称	型号	生产商
刚玉管式炉	SJG-16C	洛阳神佳窑业有限公司
磁力搅拌器	DF-101S	河南予华仪器有限公司
精密天平	FA2004B	上海精密科学仪器有限公司
pH 计	PB-21	德国赛多利斯（Sartorius）科学仪器有限公司
鼓风干燥箱	DGG-9036A	北京雅士林试验设备有限公司
红外分析仪	PC600	
真空干燥箱	DZF-6020	北京雅士林试验设备有限公司
230 目碳支持膜		北京中镜科仪技术有限公司

2.3　分析测试

2.3.1　X 射线衍射

采用 X 射线衍射测试对试样进行物相鉴定，观察在合成过程中物相的变化。X 射线测试采用 Rigaku 生产的 D/max 2000 衍射仪对试样进行物相分析。测试条件为：CuKa 辐射，$\lambda = 1.540\ 6\ \text{Å}$，40 kV，40 mA，步进为 0.02°，扫描速度为 6°/min。

XRD 是测定晶体结构的主要方法之一，它包括单晶 X 射线衍射法和多晶粉末 X 射线衍射法。在运用单晶 X 射线衍射法时的主要设备是单晶 X 射线衍射仪（又称四圆衍射仪），它将电子计算机和衍射仪结合，通过程序控制，自动收集衍射数据和进行结构解析，使晶体结构测定的速度和精确度大大提高。四圆衍射仪与多晶衍射仪的主要区别在于，四圆衍射仪的试样台能在四个圆的运动中使晶体依次转到每一个（hkl）晶面所要求的反射位置上，以便探测器收集到全部反射数据。单晶分析法是结果分析中最有效的方法，它能给出一个晶体精确的晶胞参数，同时还能给出晶体中成键原子之间的键长、键角等极为重要的结构化学数据。多晶粉末法即粉末 X 射线衍射法，常用于对固体样品进行物相分析，还可用来测定立方晶系的晶体结构的点阵型式、晶胞参数及简单结构的原子坐标。此外，依据 XRD 衍射图，利用 Debye-Scherrer 公式可计算出晶粒的尺寸：

$$D_{hkl} = 0.9\lambda / (\beta_{hkl} \cos\theta) \qquad (2\text{-}1)$$

式中：D_{hkl}——晶粒的尺寸；

$\quad\quad\lambda$——Cu 靶的波长；

$\quad\quad\beta_{hkl}$——半峰宽；

$\quad\quad\theta$——布拉格衍射角。

2.3.2　扫描电子显微镜和高分辨透射电子显微镜

运用 JSM-6700F 场发射扫描电子显微镜（field emission scanning electron microscope，FESEM）和 JEM-2100F 高分辨透射电子显微镜（high resolution transmission electron microscope，HRTEM）分析粉末微观形貌和微观结构。其原理为：高能电子束与固体试样作用，产生各种物理信号，这些信号包括二次电子、背散射电子、透射电子、吸收电子、可见光和 X 射线等。利用这些信号成像，可以得到关于样品的各种信息，而不同信号的成像特点不同。

2.3.3　热分析

热分析采用北京恒久仪器厂生产的 HCR-2 型号综合热分析仪分析两种体系的热重分析-差热分析（TG-DTA）变化，测温范围为 25～1 500 ℃，流动氩气保护，升温速率为 10 ℃/min。热分析是指在程序控温下，测量物质的物理性质与温度关系的一类技术。通过检测样品本身的热力学性质或其他物理性质随温度或时间的变化，研究物质结构的变化和化学反应。

热重法（thermo gravimetry，TG）的基本原理是：在程序控温下，测量物质的质量变化与温度的关系。TG 曲线记录的是质量-温度、质量保留百分率-温度或失重百分率-混度的关系。

差热法（differential thermal analysis，DTA）的基本原理是：将试样和参比物置于一定速率加热或冷却的相同温度状态的环境中，记录下试样和参比物之间的温差 ΔT，并对时间或温度作图，得到 DTA 曲线。DTA 提供的主要信息是：① 热事件开始、峰值和结束的温度；② 热效应的大小和方向；③ 参与热事件的物质的种类和量。

TG-DTA 联用技术能方便地区分物理变化与化学变化；便于比较、对照、相互补充同一反应在 TG 与 DTA 曲线的两个重要侧面，因为该反应随温度发生的一切变化都同时反映在 TG 和 DTA 曲线上；可以用一个试样、一次试验同时得到 TG 与 DTA 两方面的数据，从而节省时间、经费，也节省占地面积。

第 3 章

实验设计与理论依据

3.1 本章引言

应用物理、化学知识对一个反应体系进行热力学分析是研究化学合成反应的基础，这将为了解反应的中间过程以及设计实验方案提供基本判据和理论依据。而建立在理论基础上的实验设计可以简化实验过程，使实验目的更加直接、明确。围绕本研究的目标——合成纳米 ZrB_2 及其双相复合粉末，我们首先确定以反应式（1-7）为基本反应原理，详细进行 ZrO_2-B_2O_3-C 反应体系的热力学计算，并且在此计算的基础上再初步进行整体实验方案的设计。

3.2 热力学计算

3.2.1 热力学计算基础

物理、化学中的热力学主要是探讨一个化学反应的方向性与限度。对一个反应体系进行热力学分析是研究化学合成过程的基础，可以为实验的设计、体系反应过程提供判据。我们利用所学的物理、化学知识，查阅大量热力学数据，对 ZrO_2-B_2O_3-C 反应体系进行理论分析和计算，讨论了反应的自由能变化，解释了反应产物的组成，为实验的设计和工艺参数的控制提供了一定的理论依据。

Gibbs 自由能 ΔG 是恒温恒压条件下反应能否自发进行的判据。如果体系的 Gibbs 自由能 ΔG 小于零，则反应过程不可逆，即反应可以自发进行。对于一个化学反应，Gibbs 自由能 ΔG 是恒温恒压条件下反应能否自发进行的判据。如果体系的 Gibbs 自由能 ΔG 小于零，则反应过程不可逆，即反应可以自发进行。对于一个化学反应：

$$v_1B_1 + v_2B_2 + v_3B_3 + \cdots \rightarrow v_jB_j + \cdots \tag{3-1}$$

式中：v_j——单质或化合物的计量系数。

其标准自由能变化的计算公式为：

$$\Delta G_T^\theta = \sum v_i G_{i,T} \tag{3-2}$$

式中：$G_{i,T}$——单质或化合物 B_i 在温度 T 时的自由能。

通过公式（3-2）可求得不同温度下反应式（3-1）的标准自由能变化。

3.2.2　ZrO_2–B_2O_3–C 反应体系热力学计算

反应式（1-7）的反应物和生成物的标准吉布斯自由能数据[82]见表 3.1。利用这些数据可以计算反应式（1-7）的标准吉布斯自由能随温度的变化趋势，结果如图 3.1 所示。

表 3.1　ZrO_2-B_2O_3-C 三元反应体系的热力学数据

反应式（1-7）：$ZrO_2 + B_2O_3 + 5C \rightarrow ZrB_2 + 5CO$						
T/K	ZrO_2	B_2O_3（g）	C	ZrB_2	CO（g）	$\Delta G/$（kJ/mol）
400	− 1 118.43	− 950.56	− 2.45	− 337.78	− 190.02	793.46
600	− 1 135.02	− 1 014.87	− 4.79	− 350.72	− 232.57	660.27
800	− 1 156.24	− 1 084.89	− 8.25	− 368.07	− 277.19	528.36
1 000	− 1 181.17	− 1 159.50	− 12.70	− 388.89	− 323.42	398.18
1 200	− 1 209.14	− 1 237.97	− 18.01	− 412.61	− 370.95	269.79
1 400	− 1 239.72	− 1 319.73	− 24.09	− 438.82	− 419.59	143.13
1 600	− 1 273.03	− 1 404.39	− 30.83	− 467.22	− 469.21	18.30
1 800	− 1 308.53	− 1 491.62	− 38.18	− 497.60	− 519.71	− 105.10
2 000	− 1 345.69	− 1 581.14	− 46.06	− 529.76	− 571.24	− 227.63
2 200	− 1 384.34	− 1 672.76	− 54.43	− 563.59	− 623.03	− 349.49

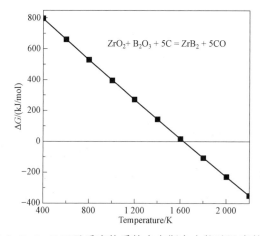

图 3.1　ZrO_2-B_2O_3-C 三元反应体系的吉布斯自由能随温度的变化曲线

从图 3.1 中可以看出，当温度高于 1 643 K（1 370 ℃）时，反应式（1-7）的吉布斯自由能 ΔG 值为负值，说明该反应只要温度高于 1 370 ℃，热力学上就有可能发生。

因此，根据以上热力学计算结果，我们初步将合成纳米 ZrB_2 粉末的温度定在 1 550 ℃——这是根据图 3.1 的热力学计算结果推断出来的可能的反应温度。

3.3 合成方法的选择

目前合成纳米 ZrB_2 粉末的方法很多，这些方法各有所长，但也有不足。相比之下，溶胶-凝胶法可以使原料在分子水平上均匀地混合、反应条件温和，容易实现分子水平上的均匀混合，并且成分的组成、粉末尺寸和形貌以及工艺因素相对较好控制，具体分析如下。

（1）由于溶胶-凝胶和碳热还原法中所用的原料首先被分散到溶剂中而形成低粘度的溶液，因此在形成凝胶时，反应物之间在分子水平上被均匀地混合。

（2）由于经过溶液反应步骤，比较容易实现化合物分子水平上的裁剪，合成非化学计量化合物和掺杂材料。

（3）由于经过溶液反应步骤，组成成分较好控制，适合合成多组分粉末。

（4）化学反应容易控制，可在较低温度下合成前驱体粉末，且热分解、碳热还原的碳热还原过程可在较低温度下实现。这是由于一般在溶胶-凝胶体系中组分的扩散在纳米范围内进行，因此反应较容易进行，温度较低。

（5）采用溶胶-凝胶法合成的粉末容易实现尺寸、形貌的控制。

（6）从陶瓷材料的生产工艺过程角度考虑，溶胶-凝胶法可以缩短整个工艺流程，直接进行凝胶注模成型，取消了制粉、成型等工艺环节，不仅节约了能源，大大降低了成本，而且可以直接实现近终尺寸成型，烧结各种异型件。

（7）在反应过程中，可以通过浸渍的方法在特定的材料表面进行表面涂覆，该工艺具有节约能源、设备简单、操作方便等优点。

综上所述，本研究选择溶胶-凝胶和碳热还原法作为研制 ZrB_2 及 ZrB_2 基复相陶瓷的上游工艺方法和途径，我们拟以合成纳米 ZrB_2 及其复合粉末为目标，研究和探讨在实现我们的最终目标——研制 ZrB_2 及其 ZrB_2 基复相陶瓷时可能遇到的科学以及工艺方面的基础性、共性问题，为将来进一步扩大自制溶胶-凝胶的应用范围，如表面涂覆、凝胶注模成型等更接近最终产品的应用提供依据。

3.4 原料的选择

3.4.1 锆源的选择

如果选择采用溶胶-凝胶和碳热还原法合成 ZrB_2，那么基本化学反应应该是反应式（1-7），因此应先确定锆源。我们在前人的研究基础上，考虑到金属醇盐有如下优点。

（1）分子之间存在强烈的缔合，因过渡金属有空轨道，为了达到其配位数，醇盐之间发生缔合，对最终材料的均匀性至关重要。

（2）溶液存在一定的粘度，醇盐的粘度受其分子中烷基链长和支链及缔合度的影响，高缔合醇盐化合物的粘度必定大于单体醇盐化合物，能实现原材料在原子或分子水平上的混合。

（3）醇盐的反应活性很高，能与众多试剂发生反应，尤其是含羟基的试剂，且水解和浓缩过程相对于其他无机盐很容易控制。

（4）金属醇盐除了有上述的优点，最主要的是它不会引入杂质，反应过程所释放出来的醇类随着温度的升高将分解为二氧化碳和水，因此对粉末的后续工作不会带来副作用。

虽然在此之前也曾有报道采用锆的无机盐合成 ZrB_2 粉末，但是合成的粉末粒径大、产品纯度不高，这是因为在反应过程中很容易引入阴离子（如氯离子），且在整个过程中很难去除。因此，在粉末的烧结以及后续工作中杂质的存在对最终性能的影响非常大。

鉴于上述优点，本研究拟选择金属醇盐正丙醇锆($Zr(OC_3H_7)_4$)作为锆源来合成纳米 ZrB_2 粉末。

3.4.2 硼源的选择

根据反应式（1-7），还需要确定硼源。不同物质具有不同的分子组成，与其相对应的热力学数据也就不同，因而造成后续反应物化学键的断裂、生成物化学键的形成的途径和所需的能量均不相同，所以反应物的固有特性会极大地影响合成反应的产物特性和实验条件。我们本着合成工艺简便、原料容易获取的原则，分析无机酸 H_3BO_3 的如下特性。

（1）H_3BO_3 实际上是 B_2O_3 的水合物，为白色粉末状结晶物。当 H_3BO_3 加热到 70～100 ℃时逐渐脱水生成偏硼酸，150～160 ℃时生成焦硼酸，300 ℃时生成硼酐（B_2O_3）。

（2）价格低廉，无毒，对环境友好。

（3）在室温下可以溶于绝大多数溶剂。

（4）在高温下彻底分解为 B_2O_3 和 H_2O，不会引入其他杂质。

鉴于上述特性，本研究拟选择无机酸 H_3BO_3 作为硼源来合成 ZrB_2 纳米粉末。

3.4.3　碳源的选择

同样根据反应式（1-7），碳是还原剂，因此作用非常重要。根据目前已有文献，用于合成 ZrB_2 的基本都使用酚醛树脂作为碳源[29]，合成其他物质时有人采用蔗糖[83]。酚醛树脂是大分子化合物，具有刺激性气味，高温下的分解率只有 50%，这样就会在最终获得的粉末中残留碳，而碳含量的多少会直接影响 ZrB_2 材料的最终性能。相比之下，蔗糖的分子量小，无刺激性气味，通常情况下容易溶于很多试剂，且在 500 ℃下可以完全分解为碳和 H_2O，在最终获得的粉末中残留碳量较少，可以保证产品的纯度。

基于上述两种碳源的特点，本研究拟选择蔗糖作为碳源来合成纳米 ZrB_2 粉末。目前，关于采用蔗糖作为碳源合成纳米 ZrB_2 粉末的文献未见报道。

3.5　络合剂的选择

金属醇盐可以自发性地与水发生反应，在不断地水解和缩合反应之后形成沉淀，因此为了防止沉淀的发生，需要使用一种络合剂首先与 $Zr(OC_3H_7)_4$ 形成一种稳定的络合物，然后再发生水解及缩合反应。在本研究中拟采用两种不同的络合剂，即乙酰丙酮和醋酸分别稳定 $Zr(OC_3H_7)_4$ 以防止其过快的水解，最终形成稳定的 ZrO_2 溶胶。第 4 章中将详细阐述两种络合剂稳定 $Zr(OC_3H_7)_4$ 的机理。

根据前人合成 ZrO_2 粉末的研究结果[84]，如果采用乙酰丙酮做络合剂来稳定 $Zr(OC_3H_7)_4$，在反应过程中会形成更抗水解的乙酰丙酮锆螯合物。然而，如我们所熟知的，不仅乙酰丙酮可以做络合剂，醋酸、聚乙醇、柠檬酸、草酸等都可以做络合剂来稳定 $Zr(OC_3H_7)_4$。

结合下文即将介绍的溶剂的选择，醋酸可以做到一举两得，既可做络合剂来稳定 $Zr(OC_3H_7)_4$，也可做溶剂。

但有一个事实就是，采用醋酸做络合剂稳定 $Zr(OC_3H_7)_4$ 时，整个过程的反应体系中没有外来水，因为根据以下反应：

$$\begin{array}{ccc} \text{PrO} & \text{OPr} & \\ \diagdown & \diagup & \\ \text{Zr} & + \text{AcOH} \longrightarrow & \text{Zr} & + \text{PrOH} \\ \diagup & \diagdown & \\ \text{PrO} & \text{OPr} & \end{array} \quad (3\text{-}3)$$

$$AcOH + PrOH \rightarrow PrOAc + H_2O \quad (3\text{-}4)$$

体系自身可以生成水，并且形成一个自循环体系完成 $Zr(OC_3H_7)_4$ 的全部水解反应，这样的水解自我调控过程可能对新生成的 ZrO_2 胶体颗粒,乃至最终碳还原的纳米 ZrB_2 的形貌和性能都会带来影响。

美国乔治亚理工大学采用乙酰丙酮做络合剂合成二硼化锆粉末,合成过程由两条流程线组成,而采用醋酸做络合剂时只有四种原料,合成过程由一条流程线组成,从应用方面考虑,不仅简化了实验步骤,减少了原料的使用,而且为将来自制溶胶-凝胶的应用,诸如表面涂覆、凝胶注模成型等更接近最终产品的应用提供了实验依据。

根据以上的分析,我们拟选用两种络合剂,即在乙酰丙酮做络合剂的基础上,采用醋酸做络合剂来稳定 $Zr(OC_3H_7)_4$ 以防止其过快的水解。采用醋酸做络合剂合成纳米 ZrB_2 粉末的文献迄今为止未见报道。

第 4 章中将详细阐述两种络合剂稳定 $Zr(OC_3H_7)_4$ 的机理。

3.6　溶剂的选择

根据第 3.4 和第 3.5 中各种原料和络合剂的选择结果,最后就需要选择一种合适的溶剂能够同时将这四种试剂溶解,并且在混合过程中不能由于 $Zr(OC_3H_7)_4$ 水解而形成二氧化锆白色沉淀。

表 3.2 中列出了几种可能的候选溶剂,可以看出,只有乙酸(CH_3COOH)适合做溶剂,其既能使 $H_3BO_3 + C_{12}H_{22}O_{11}$ 溶解,又能使得 $Zr(OC_3H_7)_4$ 形成溶胶,因此本研究采取乙酸做溶剂。

表 3.2　几种候选溶剂

试剂	$H_3BO_3 + C_{12}H_{22}O_{11}$	$C_5H_8O_2$	$Zr(OC_3H_7)_4$
水(H_2O)	溶解	微溶解	白色沉淀
乙醇(CH_3CH_2OH)	不溶解	溶解	不溶解
丙醇($CH_3CH_2CH_2OH$)	不溶解	溶解	不溶解
甲醇(CH_3OH)	不溶解	溶解	不溶解
丙三醇($CH_2OHCHOH CH_2OH$)	溶解	溶解	白色乳胶状
聚乙二醇($HO(CH_2CH_2O)_nH$)	溶解	溶解	白色絮状
乙酸(CH_3COOH)	溶解	溶解	稳定溶胶
草酸($HOOCCOOH$)	溶解	溶解	白色沉淀

3.7　原料配比的选择

根据反应式(1-7)可知,B/Zr 和 C/Zr 的理论摩尔比为 2 和 5,但是由于 B_2O_3 熔点低、蒸汽压高，高温下容易挥发，因此要加入过量的硼酸以弥补挥发掉的 B_2O_3。因此，在实验中 B/Zr 的摩尔比可能不会基于反应式（1-7）中的化学计量比，尝试合成 B/Zr 摩尔比为 2、2.3 和 2.5 的样品。

由于在反应过程中采用了大量的有机试剂，这些有机试剂可能会随着反应的终止而未反应完留在了粉末中，所以在实验中尝试合成 C/Zr 摩尔比为 4.5 和 5 的样品。

3.8 实验流程的确定

综上所述，结合热力学计算和所选择的各种原料、溶剂，初步考虑实验流程如图 3.2 所示，具体合成细节将在第 4.2（图 4.1 和图 4.2）中加以介绍。

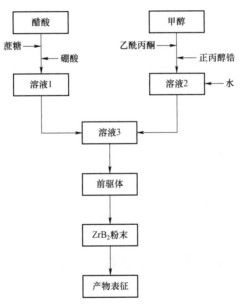

图 3.2 溶胶-凝胶和碳热还原法合成 ZrB_2 粉末的工艺流程图

3.9 热分解、碳热还原工艺的设计

第 3.2 中对反应式（1-7）进行的热力学计算结果表明，只有当温度高于 1 370 ℃时，反应式（1-7）才能发生反应，所以初步将反应温度设定在 1 550 ℃，然后再根据硼酸和蔗糖的物理、化学性质，初步确定前驱体的热解、碳热还原加热曲线如图 3.3 所示。从图 3.3 中可以看出，以最终碳热还原温度 1 550 ℃为例，在氩气保护气氛中从室温以 5 ℃/min 的速率升至 800 ℃需要 3.5 h，再将升温速度放慢到 3 ℃/min 升至 1 200 ℃需要 2.5 h，然后在 1 200 ℃下保温 2 h；紧接着以 2 ℃/min 的速率升温至 1 550 ℃需要

3 h，然后在 1 550 ℃下保温 2 h，然后再以 5 ℃/min 的速率降温至室温。

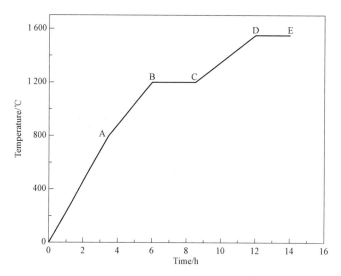

注：0～A：室温到 800 ℃；A～B：800～1 200 ℃；B～C：1 200 ℃保温；C～D：1 200～1 550 ℃；D～E：1 550 ℃保温

图 3.3 凝胶前驱体热解、碳热还原的加热曲线示意图（以最终温度为 1 550 ℃的情况为例）

尽管热力学计算结果表明，反应式（1-7）的反应温度需要高于 1 370 ℃时才有可能进行，但考虑到本研究所采用的参与碳热还原的反应物之间在化学成分上高度混合、全部为新生成物质，所以我们初步把最终的碳热还原温度确定在 1 100 ℃、1 300 ℃、1 400 ℃、1 550 ℃，分别按照图 3.3 的加热曲线示意图升到最终碳热还原温度，然后再以 5 ℃/min 的速率降温至室温。

3.10 二硼化锆粉末的形貌控制

以一维纳米材料，如棒状、带状、纤维状、管状、线状等为例，由于其独特的物理性能、形状效应和量子尺寸效应而受到了人们的普遍关注。从应用角度来讲，一维纳米材料在纤维增强材料、纳米元器件和太阳能电池等领域有着极为重要的研究价值。从晶体学和化学角度来讲，研究一维材料的各向异性生长，对于这些基础科学有着非常重要的意义。因此，一维纳米材料的合成与合成研究已成为纳米材料最热门的研究领域之一，也是本研究希望通过控制合成过程来获取的 ZrB_2 粉末颗粒形貌之一。

目前纳米粉末材料的应用具有很多共性特点，如不同的应用背景需要不同的粉末形貌，因而单一的 ZrB_2 粉末颗粒形貌将会成为未来限制 ZrB_2 粉末在更广泛应用背景下使用的潜在障碍之一。基于此，我们拟通过溶胶-凝胶和碳热还原法，研究从溶胶、凝胶的形成到热解碳热还原过程中的各种工艺条件对 ZrB_2 粉末颗粒形貌的影响。在采用溶胶-凝胶和碳热还原法合成 ZrB_2 粉末的过程中，首先需要合成 ZrB_2 的前驱体，即 ZrO_2 胶体，然后前驱体经热解碳热还原后，得到 ZrB_2 粉末，因为二氧化锆在形成二硼化锆时要发生化学反应，断裂 Zr-O 键，形成 Zr-B 键，二硼化锆是在二氧化锆的基础上形成的，所以二氧化锆颗粒的形貌可能会对最终 ZrB_2 粉末的形貌有一定影响。因此，本研究拟通过改变一些合成参数以及添加一些表面活性剂来控制二氧化锆颗粒的形貌，从而达到控制 ZrB_2 粉末颗粒的形貌的目的。

3.10.1　凝胶的温度

凝胶的温度是影响最终 ZrB_2 粉末形貌的一个重要因素。在不同的温度下，二氧化锆颗粒的成核速率和生长速率不同。在高温下，二氧化锆颗粒的成核速率和生长速率虽然都增大，但是生长速率的提高大于成核速率。这是因为当温度高于某一区间范围时，溶液分子的运动加剧，反应物初期形成的微小沉淀颗粒相互碰撞的概率增加，自发聚集加剧，有利于二氧化锆颗粒的生长。因此，在不同的凝胶温度下，由于二氧化锆颗粒的生长速率不同，从而得到了不同形貌的二氧化锆颗粒。刘博等[85]人采用不同的凝胶温度合成了不同形貌的二氧化钛纳米粉末。因此，本研究拟通过改变凝胶温度，控制二氧化锆颗粒的形貌，从而最终达到控制 ZrB_2 粉末形貌的目的。

3.10.2　溶液的浓度

溶液的浓度对最终 ZrB_2 粉末的形貌也具有一定的影响。在不同溶液浓度下，二氧化锆颗粒的成核速率和生长速率是不同的，但是对颗粒的成核速率影响较大。在高浓度下，二氧化锆胶核形成的速度快，生成的颗粒多且粒径小，但是使溶液的过饱和度降低，导致二氧化锆胶核长大速度变慢。若溶液的浓度比较低，过饱和度不太大，则二氧化锆胶核的形成速率慢，生成的颗粒数目相应地减少。在低浓度的溶液体系中，根据 Oswald 熟化机制[66]，虽然晶粒之间也有聚集生长现象，但相对于高浓度体系来说，成核速度较慢，并非暴发成核，并且成核后的溶液仍保持一定的过饱和度。因此，溶液浓度越低，得到的颗粒粒径越小。在不同的溶液浓度下，由于二氧化锆胶核的形成与生长速率不同，可以得到不同形貌的二氧化锆颗粒。Chang 等[86]人在合成二氧化锆薄膜时，采用不同浓度的 $ZrCl_4$ 合成了不同形貌的二氧化锆薄膜。因此，本研究拟通过改变溶液的浓度，控制二氧化锆颗粒的形貌，最终达到控制 ZrB_2 粉末形貌的目的。

3.10.3　溶液的 pH 值

溶液的 pH 值对最终 ZrB_2 粉末的形貌也具有一定的影响。二氧化锆颗粒在酸性条件下容易发生水解，在碱性条件下则倾向于浓缩，因此在溶胶-凝胶过程中溶液的 pH

值不同，经水解和浓缩之后得到的产物也不一样。这将可能导致二氧化锆颗粒的生长方式不同，由此得到的二氧化锆颗粒的形貌也有可能不同。Wu 等[87]人采用溶胶-凝胶和碳热还原法通过控制溶液的 pH 值得到了一维的莫来石纳米粉末。因此，本研究拟通过改变溶液的 pH 值，控制二氧化锆颗粒的形貌，最终达到控制 ZrB_2 粉末颗粒形貌的目的。

3.10.4　添加表面活性剂

添加表面活性剂对最终 ZrB_2 粉末的形貌也具有一定的影响。由于表面活性剂与二氧化锆颗粒不同晶面的作用力不同，表面活性剂会在胶体生长阶段改变颗粒不同晶面方向的生长速度。因此，通过添加表面活性剂可以改变二氧化锆颗粒的生长方式，从而得到不同形貌的二氧化锆颗粒。Yan 等[78]人采用沉淀法合成 ZrB_2 粉末，在反应过程中通过添加聚乙二醇改善了颗粒之间的团聚；Zhang 等[88]人在控制 TiO_2 粉末形貌的过程中，通过添加油酸合成了形貌为纳米棒的 TiO_2 粉末。因此，本研究拟通过添加聚乙二醇和油酸，控制二氧化锆颗粒的形貌，最终达到控制 ZrB_2 粉末颗粒形貌的目的。

3.10.5　碳热还原的保温时间

碳热还原的保温时间对最终 ZrB_2 粉末的形貌也具有一定的影响。因此，本研究拟在最低碳热还原的温度下，通过调整碳热还原的保温时间，探讨 ZrB_2 粉末颗粒的形貌。

3.11　二硼化锆基陶瓷第二相的选择

单一 ZrB_2 相陶瓷材料的韧性偏低、抗氧化能力弱，限制了其在苛刻作业环境下的应用。因此，根据前人的研究结果[89-91]，可以向 ZrB_2 中引入第二相，在改善材料的力学性能的基础上，进一步降低烧结温度，提高烧结致密度，并使得 ZrB_2 基陶瓷的抗氧化性能得到改善，如添加 SiC 就是一个典型范例。许多研究表明[92-97]，将 SiC 引入 ZrB_2 基陶瓷中，不仅能提高 ZrB_2 的抗氧化性能，而且还能提高 ZrB_2 的综合性能。在 ZrB_2 中加入体积分数为 20%的 SiC 可显著提高其高温抗氧化性能，主要机理为高温时表面生成一层外层是富 SiO_2 玻璃和内层是富 ZrO_2 的氧化层，由于外层的玻璃相具有很好的表面浸润性和愈合性能，而生成的富 ZrO_2 氧化层更是一种典型的热障层，能有效阻止外部热量向材料内部扩散，提高了高温抗氧化性能，可在 2 200 ℃以上使用。因此，对于 ZrB_2 基陶瓷，加入 SiC 第二相是目前认为比较好的选择。

此外，许多研究表明[98]，TiB_2 作为第二相引入 ZrB_2 基陶瓷中具有颗粒强化的作用。在 ZrB_2 中加入 TiB_2 可显著改善 ZrB_2 基陶瓷的力学性能，因此对于 ZrB_2 基陶瓷，加入

TiB$_2$ 第二相也是目前认为比较好的选择。复相陶瓷中第二相在基体中的分散度会直接影响复相陶瓷的各项物理、化学性能，因此对于如何控制好第二相原料粉末的尺寸及其添加方式是决定最终复相陶瓷材料的关键环节之一。过去的许多研究结果也确实表明[94-96]，第二相原料粉末颗粒的尺寸越小，烧结后在复相陶瓷中的分布越均匀，对 ZrB$_2$ 基复相陶瓷综合性能的提高越好。

鉴于上述原因，并为充分发挥溶胶-凝胶方法的特色，本研究拟采用溶胶-凝胶和碳热还原法合成 ZrB$_2$-SiC 和 ZrB$_2$-TiB$_2$ 双相陶瓷粉末。

综上所述，对于 ZrB$_2$ 基陶瓷，分别引入 SiC 和 TiB$_2$ 第二相都可以改善 ZrB$_2$ 的基本性能和抗氧化性能，是较好的选择，那么如果选择采用溶胶-凝胶和碳热还原法合成 ZrB$_2$-SiC 和 ZrB$_2$-TiB$_2$，基本化学反应除了反应式（1-7），还应该有：

$$SiO_2 + 3C \rightarrow SiC + 2CO \tag{3-5}$$
$$TiO_2 + B_2O_3 + 5C \rightarrow TiB_2 + 5CO \tag{3-6}$$

那么首先遇到的问题是选择硅源和钛源的试剂。在前人的研究基础上[99]，再结合第 3.4.1 中所述金属醇盐的优点，本研究在选择正丙醇锆（Zr(OC$_3$H$_7$)$_4$）作为锆源的基础上，拟选择正硅酸乙酯（TEOS）、钛酸丁酯（Ti(OC$_4$H$_9$)$_4$）分别作为硅源和钛源来合成 ZrB$_2$-SiC 和 ZrB$_2$-TiB$_2$ 双相陶瓷粉末。

金属醇盐可以自发性地与水发生反应，在不断地水解和缩合反应之后形成沉淀，因此本研究拟采用乙酰丙酮做络合剂合成 ZrB$_2$-SiC 双相陶瓷粉末。由于 TEOS 不需要形成稳定的螯合物，而是直接发生水解，因此需要大量的水来水解才能形成 SiO$_2$ 溶胶，否则形成 SiO$_2$ 溶胶的速度非常慢，不利于反应。而采用醋酸做络合剂时，反应自身可以生成水，但产生的水量不能完全水解 TEOS，导致形成 SiO$_2$ 溶胶的速度变慢，不利于反应。因此，在合成 ZrB$_2$-SiC 双相陶瓷粉末时，采用乙酰丙酮做络合剂。实验流程初步考虑为：首先合成稳定的 ZrO$_2$-SiO$_2$ 溶胶，然后再与蔗糖和硼酸的混合溶液混合，经过干燥、研磨、热分解、碳热还原合成 ZrB$_2$-SiC 双相陶瓷粉末。

由于钛酸丁酯很容易发生水解而形成白色沉淀，因此为防止其形成沉淀，本研究拟采用醋酸做络合剂合成 ZrB$_2$-TiB$_2$ 双相陶瓷粉末。在反应过程中，Ti(OC$_4$H$_9$)$_4$ 首先形成钛螯合物，然后再通过水解和浓缩形成 TiO$_2$ 溶胶。由于采用醋酸做络合剂时，反应自身可以生成水，因此在反应过程中只要有足够的醋酸就可以形成 TiO$_2$ 溶胶。实验流程初步考虑为：首先合成稳定的 ZrO$_2$-TiO$_2$ 溶胶，然后再与蔗糖和硼酸的混合溶液混合，经过干燥、研磨、热分解、碳热还原合成 ZrB$_2$-TiB$_2$ 双相陶瓷粉末。

3.12　本章小结

本章以热力学计算作为理论依据，对实验进行了以下的前期预测和设计。

（1）以 ZrO$_2$-B$_2$O$_3$-C 三种反应物间的基本反应体系，即反应式（1-7）的热力学计算结果为理论依据，拟利用溶胶-凝胶和碳热还原法合成纳米 ZrB_2 粉末。

（2）基于金属有机化合物的诸多优点，拟选择正丙醇锆（$Zr(OC_3H_7)_4$）、正硅酸乙酯（TEOS）、钛酸丁酯($Ti(OC_4H_9)_4$)分别为锆源、硅源和钛源，选择硼酸（H_3BO_3）为硼源以及蔗糖（$C_{12}H_{22}O_{11}$）为碳源。

（3）从溶液到溶胶、凝胶，最后到热解碳热还原获得 ZrB_2 的过程中，各种合成参数对最终 ZrB_2 粉末颗粒的形貌有着很大的影响，因此本研究拟通过改变凝胶温度、溶液浓度、溶液 pH 值，添加表面改性剂连同热解，改变碳热还原工艺参数等因素控制 ZrB_2 粉末颗粒的形貌。

（4）拟在合成单相 ZrB_2 粉末的基础上，尝试合成 ZrB_2-SiC 和 ZrB_2-TiB_2 双相陶瓷粉末。

第4章

采用不同络合剂合成纳米二硼化锆粉末

4.1 本章引言

随着宇航、航空、原子能、冶炼等现代技术的发展，对在高温环境服役的材料的性能要求越来越高，以适应苛刻的使用条件。在第 1.1.1 中阐述了 ZrB_2 的一些特性，如高熔点，高硬度，高稳定性，良好的导电、导热性，因此其成为火箭发动机、超音速飞机、耐火材料以及核控制等极端超高温服役条件下零部件的候选材料[90,100-103]。作为超高温材料家族的一员，ZrB_2 材料在耐高温环境中是最有前途的材料之一，然而目前超高温陶瓷材料主要应用于异型件或复合材料。在第 3.3 中阐述了溶胶-凝胶和碳热还原法作为研制 ZrB_2 及 ZrB_2 基复相陶瓷的上游工艺方法和途径，我们以合成纳米 ZrB_2 及 ZrB_2 基复合粉末为目标，研究和探讨在实现我们的最终目标——研制 ZrB_2 及其 ZrB_2 基复相陶瓷时可能遇到的科学以及工艺方面的基础性、共性问题，为将来自制溶胶-凝胶的应用，如表面涂覆、凝胶注模成型等更接近最终产品的应用开展前期探索性研究，并提供理论和实验依据。

按照第 3.1 中的实验设计，按照反应式（1-7）的碳热还原基本原理和图 3.2 的工艺流程合成 ZrB_2 粉末。按照第 3.4 中原料的选择中采用正丙醇锆（$Zr(OC_3H_7)_4$）、硼酸（H_3BO_3）和蔗糖（$C_{12}H_{22}O_{11}$）为原料，首先合成前驱体粉末，然后再按照第 3.9 中所描述的热分解、碳热还原加热曲线图进行碳热还原反应。最后通过第 2.3 中的测试方法对合成的粉末进行表征。

4.2 实验方法

4.2.1 乙酰丙酮做络合剂

由于 $Zr(OC_3H_7)_4$ 很容易发生水解，因此在前人的基础上采用乙酰丙酮做络合剂稳

定 $Zr(OC_3H_7)_4$，防止其过快水解。在反应过程中首先形成一种螯合物乙酰丙酮锆，之后再发生水解和浓缩，因为乙酰丙酮锆比 $Zr(OC_3H_7)_4$ 更抗水解。详细机理的探讨在第 4.3.2.1 中。

按照图 3.2 合成 ZrB_2 粉末，具体工艺流程如图 4.1 所示。在室温下，将 H_3BO_3（2.5 g）和 $C_{12}H_{22}O_{11}$（2.9 g）溶解在连续搅拌的 AcOH（45 ml）中，然后加热到 80 ℃，保温 0.5 h，即形成 H_3BO_3 和 $C_{12}H_{22}O_{11}$ 的混合溶液，该溶液为"溶液 1"。在另外一个烧杯中，将 $Zr(OC_3H_7)_4$（6.3 ml）溶解在连续搅拌的 CH_3OH（25 ml）和 $C_5H_8O_2$（acac）（1.2 ml）的混合溶液中；然后将蒸馏水（4 ml）缓慢滴入上述溶液中并连续搅拌 0.5 h，即形成黄色的 ZrO_2 溶胶，该溶胶为"溶液 2"。紧接着待"溶液 1"冷却至室温，将"溶液 1"缓慢倒入持续搅拌的"溶液 2"中，从而形成"溶液 3"。将"溶液 3"在持续搅拌的情况下从室温升至 65 ℃，保温 4 h。最后将保温结束后的"溶液 3"在 120 ℃下真空干燥 3 h，冷却后手工研磨得到前驱体粉末。

接下来，将上面得到的前驱体如图 3.3 所描述的热分解、碳热还原的加热曲线图进行碳热还原反应，得到一种灰色粉末。B_2O_3 很容易挥发，因此为了比较，分别合成了起始原料 B/Zr（mol.）比分别为 2、2.3 和 2.5 的试样。

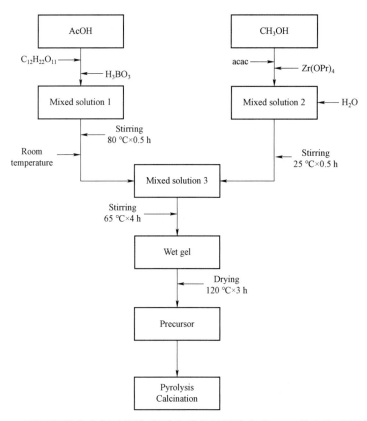

图 4.1　乙酰丙酮做络合剂时溶胶-凝胶和碳热还原法合成 ZrB_2 粉末的工艺流程图

4.2.2　醋酸做络合剂

由于 $Zr(OC_3H_7)_4$ 很容易发生水解，因此除了乙酰丙酮可以做络合剂，醋酸也可以做络合剂稳定 $Zr(OC_3H_7)_4$，防止其过快水解。在实验过程中，醋酸可以做到一举两得，既可做络合剂来稳定 $Zr(OC_3H_7)_4$，也可做溶剂，因为在反应内部可以自产生水。在反应过程中，首先形成一种螯合物醋酸锆，之后再发生水解和浓缩，因为醋酸锆比 $Zr(OC_3H_7)_4$ 更抗水解。详细机理的探讨在第 4.3.2.2 中。

按照图 3.2 的溶胶-凝胶和碳热还原法合成 ZrB_2 粉末，具体工艺流程如图 4.2 所示。图 4.2 是在图 3.2 的基础上做了一定的修改之后得到的工艺流程图。将 H_3BO_3（2.4 g）和 $C_{12}H_{22}O_{11}$（2.5 g）溶解在连续搅拌的 AcOH（35 ml）中，然后加热到 80 ℃，保温 0.5 h，即形成 H_3BO_3 和 $C_{12}H_{22}O_{11}$ 的混合溶液，该溶液为"溶液 1"。接着待"溶液 1"冷却至室温，将 $Zr(OC_3H_7)_4$（5.7 g）缓慢倒入"溶液 1"中，该溶液为"溶液 2"。然后将"溶液 2"在持续搅拌的情况下从室温升至 65 ℃，保温 3 h。最后将保温结束后的"溶液 2"在 120 ℃下真空干燥 3 h，冷却后手工研磨得到前驱体粉末。

接下来，将上面得到的前驱体如图 3.3 所描述的热分解、碳热还原加热曲线图进行碳热还原反应，得到一种灰色粉末。

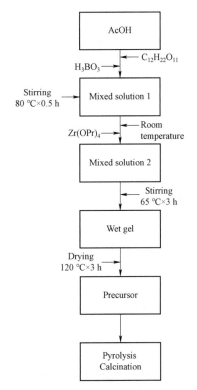

图 4.2　醋酸做络合剂时溶胶-凝胶和碳热还原法合成 ZrB_2 粉末的工艺流程图

4.3 结果与讨论

4.3.1 溶胶–凝胶的形成过程

金属醇盐可以自发性地与水发生反应，在不断地水解和缩合反应之后形成沉淀。为了防止金属醇盐沉淀的形成，在前人的许多研究中，发现许多有机物如 acac、AcOH、草酸、乙二醇[104-106]等都可以与金属醇盐形成螯合物，然后再发生水解与浓缩，最终形成凝胶。中间产物螯合物的形成是阻止醇盐形成沉淀的关键步骤。在第 4.2.1 和第 4.2.2 中分别采用了 acac 和 AcOH 做络合剂稳定 $Zr(OC_3H_7)_4$，从而合成 ZrB_2 粉末。

4.3.1.1 乙酰丙酮做络合剂时溶胶–凝胶的形成

采用 acac 稳定 $Zr(OC_3H_7)_4$，防止其快速水解，acac 的主要作用就是与 $Zr(OC_3H_7)_4$ 发生螯合，形成一种螯合物，即乙酰丙酮锆($Zr(acac)_2$)。$Zr(acac)_2$ 是一种可溶性锆有机前驱体，在以下进行的反应中，该前驱体可以控制水解和缩合反应，因为 $Zr(acac)_2$ 与 $Zr(OC_3H_7)_4$ 相比，抵抗水解的能力更强[107]。Xie 等[29]人采用正丙醇锆、硼酸、酚醛树脂为原料，acac 做络合剂，用溶胶-凝胶和碳热还原法合成了 ZrB_2 粉末。因此，本研究在 Xie 等[29]人的基础上，利用 acac 做络合剂稳定 $Zr(OC_3H_7)_4$。首先合成 ZrO_2 溶胶，反应如反应式（1-16）。水解反应如反应式（1-17）、反应式（1-18）。浓缩反应如反应式（1-19）、反应式（1-20）。

经上述一系列反应完成之后，即可形成黄色的 ZrO_2 溶胶，然后再与 H_3BO_3、$C_{12}H_{22}O_{11}$ 和 AcOH 混合形成湿凝胶，该湿凝胶经过干燥和研磨即可得到前驱体粉末。在此实验中，我们采用的是蔗糖作为碳源合成 ZrB_2 粉末。由于酚醛树脂的不完全分解会导致在反应过程中无法准确确定碳的生成量，而蔗糖在高温下可以完全分解为碳和水，在反应过程中很容易控制碳的量，因此蔗糖作为碳源是较好的选择。

4.3.1.2 醋酸做溶剂兼络合剂时溶胶–凝胶的形成

采用 AcOH 稳定 $Zr(OC_3H_7)_4$，防止其快速水解，AcOH 的主要作用也是与 $Zr(OC_3H_7)_4$ 发生螯合，形成一种螯合物。首先发生的反应是 OAc 基团代替 OPr，反应如式（3-3）。

在此过程中不需要额外的加水，因为在实验中未发生反应的 AcOH 与反应式（3-3）中的醇发生反应会生成 H_2O，反应如反应式（3-4）。

在反应式（3-3）中产生的锆螯合物 $Zr(OAc)_2(OPr)_2$ 接下来有可能会发生以下两种竞争反应：

$$\begin{array}{c}\text{PrO}\diagdown\ \ \diagup\text{OAc}\\ \text{Zr}\\ \text{AcO}\diagup\ \ \diagdown\text{OPr}\end{array} + \text{HO}-\text{X}-(\text{OH})_7 \longrightarrow \begin{array}{c}\text{PrO}\diagdown\ \ \diagup\text{OAc}\\ \text{Zr}\\ \text{AcO}\diagup\ \ \diagdown\text{O}-\text{X}-(\text{OH})_7\end{array} + \text{PrOH}$$

$$(4\text{-}1)$$

式中：X——$C_{12}H_{14}O_3$。

$$\begin{array}{c}\text{PrO}\diagdown\ \ \diagup\text{OAc}\\ \text{Zr}\\ \text{AcO}\diagup\ \ \diagdown\text{OPr}\end{array} + H_2O \longrightarrow \begin{array}{c}\text{PrO}\diagdown\ \ \diagup\text{OAc}\\ \text{Zr}\\ \text{AcO}\diagup\ \ \diagdown\text{OH}\end{array} + \text{PrOH} \xrightarrow{H_2O} \begin{array}{c}\text{HO}\diagdown\ \ \diagup\text{OAc}\\ \text{Zr}\\ \text{AcO}\diagup\ \ \diagdown\text{OH}\end{array} + \text{PrOH}$$

$$(4\text{-}2)$$

反应式中的 H_2O 消耗得越多，且只要有足够的 AcOH 存在，反应式（3-4）平衡就向右移动，经过反应式（3-3）、反应式（3-4）、反应式（4-1）和反应式（4-2），最终形成 Zr-O-Zr 溶胶。形成的 ZrO_2 溶胶和硼酸、蔗糖的混合溶液经干燥、热解碳热还原，最后形成 ZrB_2 粉末。在热解还原过程中，ZrO_2 颗粒的形貌可能会影响到最终 ZrB_2 粉末的形貌，其中的影响因素将在第 5 章详细探讨。

通过以上分析，我们发现两种络合剂首先都形成一种比 $Zr(OC_3H_7)_4$ 更抗水解的螯合物，然后再发生水解和浓缩，最后形成二氧化锆溶胶。通过对工艺流程图进行比较，当乙酰丙酮做络合剂时需要六种原料，合成过程由两条流程线组成；而采用醋酸做络合剂时只有四种原料，合成过程由一条流程线组成，从应用方面考虑，不仅简化了实验步骤，减少了原料的使用，而且为将来自制溶胶-凝胶的应用，诸如表面涂覆、凝胶注模成型等更接近最终产品的应用提供了实验依据。因此，采用醋酸做络合剂在本研究中是较好的选择。

4.3.2　前驱体热解过程中的化学反应

4.3.2.1　乙酰丙酮做络合剂的前驱体

下面详细阐述了如图 3.3 所描述的热分解、碳热还原的加热曲线图，并通过 TG-DTA 分析初步掌握前驱体在加热过程中的变化情况。如图 4.3 所示，从 TG 曲线可以看出：在 150～530 ℃存在明显的重量损失。进一步分析表明，在 250 ℃左右约有 6% 的失重，在 250～530 ℃约有 27% 的失重。

在详细讨论重量损失之前，首先需要说明的是，尽管在湿凝胶干燥过程中，如反应式（4-3）所示，H_3BO_3 已经分解为偏硼酸（HBO_2）和水，但 HBO_2 对后续过程的影响是不能被忽视的。随着温度的不断上升，HBO_2 的分解反应发生在 150～250 ℃（这与第 3.4.2 中的内容相一致），由反应式（4-4）可计算出其理论失重为 5.1%。Press 等[108] 人的研究结果表明 $C_{12}H_{22}O_{11}$ 将 ZrO_2 包裹在内形成了复杂的有机体，导致 $C_{12}H_{22}O_{11}$ 的分解温度要比理论分解温度高。在本研究中，$C_{12}H_{22}O_{11}$ 的分解温度在 250～530 ℃，由于 $C_{12}H_{22}O_{11}$ 的完全分解（这与第 3.4.3 中的内容相一致），根据反应式（4-5）可知其理论失重为 25.9%。因此，在 150～530 ℃，HBO_2 和 $C_{12}H_{22}O_{11}$ 的分解反应累计理论总失重为 31%，这与图 4.3 所给出的实际总失重 33% 非常接近。当温度超过 530 ℃后，失重现象明显放缓，说明 HBO_2 和 $C_{12}H_{22}O_{11}$ 的分解反应基本代表了前驱体粉末在加热过程中所发生的主要失重反应。

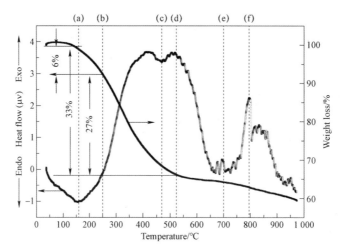

注：（a）160 ℃；（b）250 ℃；（c）470 ℃；（d）530 ℃；（e）700 ℃；（f）796 ℃

图 4.3　B/Zr（mol.）=2.3，乙酰丙酮做络合剂的前驱体粉末的 TG-DTA 曲线

$$H_3BO_3 \rightarrow HBO_2 + H_2O \tag{4-3}$$

$$2\,HBO_2 \rightarrow B_2O_3 + H_2O \tag{4-4}$$

$$C_{12}H_{22}O_{11} \rightarrow 12\,C + 11\,H_2O \tag{4-5}$$

另外，从图 4.3 的 DTA 曲线上可以看到，在 160 ℃左右有一个明显的吸热峰，这可能是由于前驱体粉末中化合水的脱除和 HBO_2 的分解所致；在 470 ℃左右也出现了一个吸热峰，这可能是由于蔗糖的分解所引发；在 700 ℃左右存在一个拐点，可能是由部分残留的 $Zr(acac)_2$ 分解为无定形的 ZrO_2 以及无定形的 ZrO_2 逐渐结晶，两者之间的相互作用所引起[108,109]；此外，796 ℃左右的放热峰可能是由于 ZrO_2 结晶所致[105]。

4.3.2.2　醋酸做络合剂的前驱体

通过 TG-DTA 分析初步掌握前驱体在加热过程中的变化情况，在整个反应过程中，H_3BO_3 和 $C_{12}H_{22}O_{11}$ 的分解都是按照反应式（4-3）、反应式（4-4）和反应式（4-5）进行的。H_3BO_3 和 $C_{12}H_{22}O_{11}$ 的理论总失重量为 29.7%，这与图 4.4 所给出的实际总失重 33% 非常接近。

同样，从图 4.4 所示的 DTA 曲线上可以看到，在 240 ℃左右有一个明显的吸热峰，这可能是由于前驱体粉末中化合水的脱除和 HBO_2 的分解所致；在 350 ℃左右也出现了一个吸热峰，这可能是由于蔗糖的分解所引发；在 650～780 ℃可能是由无定形的

ZrO$_2$ 逐渐转化为 t-ZrO$_2$[104]。

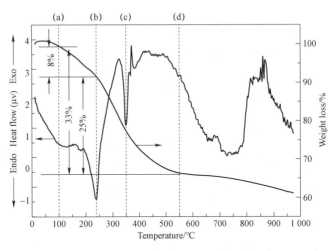

注：（a）100 ℃；（b）240 ℃；（c）350 ℃；（d）550 ℃

图 4.4　B/Zr（mol.）= 2.3，醋酸做络合剂的前驱体粉末的 TG-DTA 曲线

4.3.3　碳热还原温度以及 B/Zr 摩尔比的影响

4.3.3.1　乙酰丙酮做络合剂

上文通过热力学计算和分析初步确定反应式（1-7）发生反应的温度在 1 550 ℃，由于 B$_2$O$_3$ 在高温下极易挥发，所以探讨了不同 B/Zr 摩尔比对产物的影响。因此，我们针对本研究的反应体系，基于 TG-DTA 的分析结果，对于不同热解温度的最终产物，通过 XRD 进行了分析。图 4.5 是起始原料 B/Zr（mol.）= 2.3、2、2.5 和前驱体热解、碳热还原前后的 XRD 图谱。从图 4.5 中可以看出，在 120 ℃下真空干燥 3 h 的前驱体粉末的 XRD 图谱不存在任何衍射峰，是典型的非晶体。当 B/Zr（mol.）= 2.3 时，随着热解温度的逐渐升高，前驱体粉末在晶化的同时发生了碳热还原反应。首先，在 1 110 ℃下保温 2 h，晶相主要是 m-ZrO$_2$ 和 t-ZrO$_2$。基于 TG-DTA 的分析，前驱体在 1 110 ℃左右已经完全转化为 ZrO$_2$、B$_2$O$_3$ 和碳，而在 XRD 图谱中却没有 B$_2$O$_3$ 和碳的特征峰。也就是说，在 1 110 ℃时，反应式（1-7）所示反应还未发生。随着温度的升高，在 1 400 ℃保温 3 h，从图 4.5 可以看出 ZrB$_2$ 的衍射峰强度逐渐增强，m-ZrO$_2$ 和 t-ZrO$_2$ 的衍射峰强度逐渐减弱。最后，经 1 550 ℃保温 2 h 后得到了单相的 ZrB$_2$。另外，图 4.5 中最顶端分别为 B/Zr（mol.）= 2 和 B/Zr（mol.）= 2.5 经 1 550 ℃下保温 2 h 热解、碳热还原后的 XRD 图谱。可见，当 B/Zr（mol.）= 2 时，除 ZrB$_2$ 相外，仍然存在 m-ZrO$_2$ 和 t-ZrO$_2$ 相；当 B/Zr（mol.）= 2.5 时只存在单相的 ZrB$_2$。

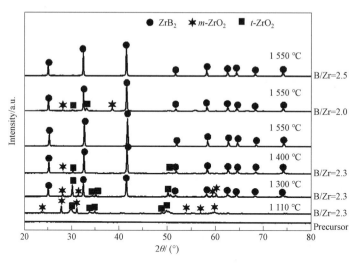

图 4.5 乙酰丙酮做络合剂时 B/Zr（mol.）=2.3、2 和 2.5 的
前驱体在不同热解、碳热还原温度后的 XRD 图谱

因此，本研究采用 B/Zr（mol.）=2.3，而不是基于反应式（1-7）的化学计量比 B/Zr（mol.）=2，这是由 B_2O_3 的基本性质决定的，其熔点低、蒸汽压高，因此高温下容易挥发[19]。在图 4.5 中，当 B/Zr（mol.）=2 时，残留 m-ZrO_2 和 t-ZrO_2 是因为 B_2O_3 挥发致使反应式（1-7）中的反应物不足，反应不能完全进行。因此，对于本研究而言，当起始原料 B/Zr（mol.）=2.3 时最佳，这时反应能够完全进行，并形成单相 ZrB_2。通过红外化学分析法测出样品中氧的含量为 3.8%。另外，根据以 Debye-Scherrer 方程设计的 Jade5 软件，通过（101）、（100）和（001）三个衍射峰的半峰宽的平均值计算，得到 ZrB_2 的平均晶粒直径为 50 nm。

4.3.3.2 醋酸做络合剂

上文通过热力学计算和分析初步确定反应式（1-7）发生反应的温度在 1 550 ℃，由于反应过程中采用了大量的有机试剂，这些有机试剂可能会随着反应的终止而未反应完全，最后以碳杂质的形式存在于粉末中，所以在实验中合成了 C/Zr 摩尔比为 4.5 的样品。

基于反应式（1-7）的碳热还原反应，以及结合在第 4.3.3.2 中的 TG-DTA 分析结果，对于不同热解温度的最终产物，通过 XRD 进行了分析，结果如图 4.6 所示。

当起始原料 B/Zr（mol.）=2.3 时，在本研究中是最佳比例，所以在以 AcOH 做络合剂时只探讨了 B/Zr（mol.）=2.3 的样品。从图 4.6 中可以看出，当温度为 1 550 ℃ 时得到了单相 ZrB_2。通过红外化学分析法测出样品中氧的含量为 2.2%。另外，根据 Debye-Scherrer 方程计算得到 ZrB_2 的平均晶粒直径为 62 nm。

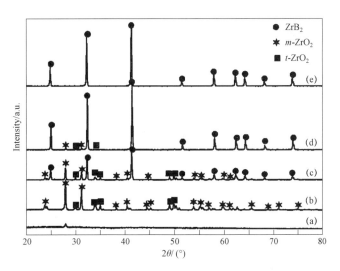

注：(a) 120 ℃；(b) 1 100 ℃；(c) 1 300 ℃；(d) 1 400 ℃；(e) 1 550 ℃

图 4.6　醋酸做络合剂时 B/Zr（mol.）=2.3 的前驱体在不同热解、碳热还原温度后的 XRD 图谱

通过 *acac* 和 AcOH 两种不同的络合剂稳定 $Zr(OC_3H_7)_4$ 所得到的 ZrB_2 粉末经红外分析得知，当 *acac* 作为络合剂时，产品 ZrB_2 粉末中的氧含量比 AcOH 作为络合剂高 1.6%，这可能是由于采用 *acac* 作为络合剂时引入的有机试剂比较多，实验步骤较多，因而导致产品中残留的氧相对于 AcOH 作为络合剂时要高。

因此，通过上述比较，在溶胶-凝胶和碳热还原法合成 ZrB_2 粉末的过程中，醋酸做络合剂稳定 $Zr(OC_3H_7)_4$ 是较好的选择。

4.3.3.3　醋酸做络合剂时 C/Zr 摩尔比的影响

在本研究中，当 *acac* 作为络合剂时，产品中的氧含量较高。当粉末中存在较高的杂质碳时，对烧结有一定的破坏作用，因此为了降低产品中碳的含量，我们研究了当 AcOH 做络合剂时改变 C/Zr 摩尔比对产物相的影响。在上述的实验中都是按照反应式（1-7）的化学计量比 C/Zr（mol.）=5，碳源完全是由蔗糖所提供，但由于在实验过程中引入了有机试剂 AcOH，如果在反应过程中有未反应的 AcOH 留下，那么就有可能剩余更多的杂质碳，因此我们分别采用了 B/Zr（mol.）=2.3、C/Zr（mol.）=4.5 的样品进行热分解，结果如 4.7 所示。

从图 4.7 中可以看出，在实验条件都相同的情况下，前驱体经 1 550 ℃保温 2 h 热解、碳热还原后得到了 m-ZrO_2 和 ZrB_2。这可以说明在碳源不充足的情况下，反应式（1-7）未反应完全，也就证明了在此过程中没有多余的 AcOH 留下，且蔗糖是完全分解为碳的。

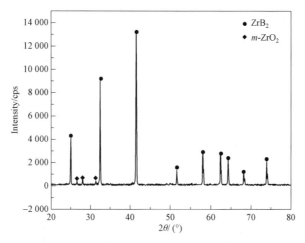

图 4.7 醋酸做络合剂时 B/Zr（mol.）=2.3、C/Zr（mol.）=4.5 的
前驱体经 1 550 ℃保温 2 h 热解、碳热还原后的 XRD 图谱

4.3.4 纳米二硼化锆粉末的形貌特征

4.3.4.1 乙酰丙酮做络合剂

从溶胶、凝胶的形成到热解、碳热还原过程，各种工艺参数的改变对颗粒形貌都起着至关重要的作用。通常，颗粒的形貌可以综合反映合成方法和工艺路线。图 4.8 和图 4.9 分别是前驱体粉末经 1 550 ℃保温 2 h 热解、碳热还原后，起始原料分别为 B/Zr（mol.）=2 和 B/Zr（mol.）=3 时合成的 ZrB_2 粉末的 SEM 照片。从图 4.5 中得知，当 B/Zr（mol.）=2 时，粉末由 ZrO_2 和 ZrB_2 组成；当 B/Zr（mol.）=3 时，粉末只存在单相的 ZrB_2。在图 4.8 中，粉末的形貌是六棱柱，且颗粒尺寸大于 500 nm，可能是由于反应式（1-7）未完全反应所导致；在图 4.9 中，粉末的形貌是球形，平均晶粒直径为 100 nm。

图 4.8 乙酰丙酮做络合剂的前驱体 B/Zr（mol.）=2 经 1 550 ℃
保温 2 h 热解、碳热还原后粉末的 SEM 照片

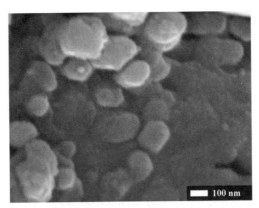

图 4.9　乙酰丙酮做络合剂的前驱体 B/Zr（mol.）=3 经 1 550 ℃
保温 2 h 热解、碳热还原后粉末的 SEM 照片

　　图 4.10 和图 4.11 分别是前驱体粉末经 1 550 ℃ 保温 2 h 热解、碳热还原后，起始原料为 B/Zr（mol.）=2.3 时合成的 ZrB$_2$ 粉末的 SEM 和 TEM 照片。SEM 照片显示粉末颗粒呈球形，且颗粒尺寸分布比较均匀，EDS（energy dispersive spectrometer，能谱仪）分析 B/Zr（原子比）≈1.98。从 SEM 和 TEM 照片可以看出，粉末颗粒存在团聚现象。从 TEM 照片可以直观地观察到，绝大多数颗粒的尺寸小于 50 nm。

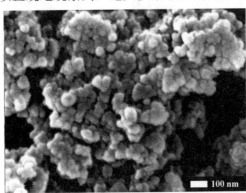

图 4.10　乙酰丙酮做络合剂的前驱体 B/Zr（mol.）=2.3 经 1 550 ℃
保温 2 h 热解、碳热还原后粉末的 SEM 照片

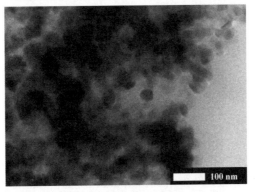

图 4.11　乙酰丙酮做络合剂的前驱体 B/Zr（mol.）=2.3 经 1 550 ℃
保温 2 h 热解、碳热还原后粉末的 TEM 照片

4.3.4.2 醋酸做络合剂

从溶胶、凝胶的形成到热解、碳热还原过程，各种工艺参数的改变对颗粒形貌都起着至关重要的作用。从图 4.6 中可以看出，当热解温度为 1 300 ℃和 1 400 ℃时，样品由 ZrO_2 和 ZrB_2 组成，在接下来的实验中，我们分别对 1 300 ℃、1 400 ℃和 1 550 ℃合成样品的形貌做了进一步的分析。

图 4.12 是前驱体经 1 300 ℃保温 2 h 热解、碳热还原后粉末的 SEM 照片。从图 4.12（a）和图 4.12（b）中可以看出，粉末有球形和棱柱状两种不同的形貌，图 4.12（c）和图 4.12（d）分别是将两种形貌放大倍数后的 SEM 照片。由于在此温度下的样品是混合晶相，为了辨别晶相的形貌，我们对图 4.12（b）做了线扫描能谱分析，对图 4.12（c）、图 4.12（d）和图 4.12（e）做了面扫描能谱分析。

图 4.12　醋酸做络合剂的前驱体 B/Zr（mol.）=2.3 经 1 300 ℃
保温 2 h 热解、碳热还原后粉末的 SEM 照片

对图 4.12（c）和图 4.12（d）做面扫描能谱分析，同样可以得出在两种形貌中 Zr 的含量居多，如图 4.12（c）和图 4.12（d）右上角所示。对图 4.12（e）的箭头所指处做面扫描能谱分析，可以看出箭头所指处不存在任何元素成分，这也可以说明有可能是空心球而非实心球。

从图 4.13 中可以看出球形和棱柱状中都存在着 Zr、O、B、C 四种元素，且 Zr 和 B 的含量居多，也就是说在这两种形貌中有可能存在着未反应的 ZrO_2。

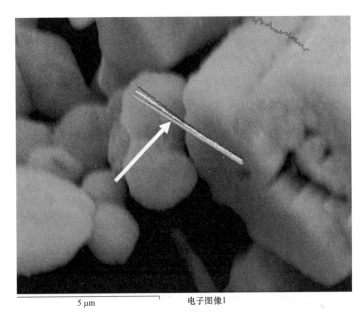

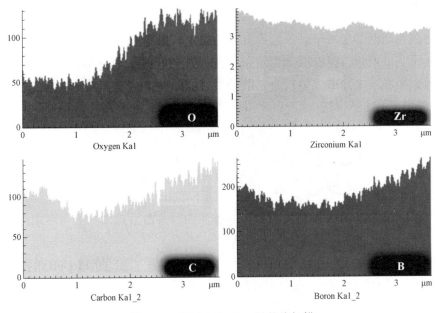

图 4.13　对图 4.12（b）做的线扫描

一系列的分析表明，粉末存在着两种不同的形貌，这可能和反应式（1-7）是否反应完全有关。随着温度的升高，反应在不断进行，而颗粒最终是以能量最低的形式存在，因此随着温度的升高，颗粒形貌由棱柱状转变为球形。

图 4.14 是前驱体粉末经 1 400 ℃保温 2 h 热解、碳热还原后的 SEM 照片。结合图 4.6 的结果，当热解温度为 1 400 ℃时，粉末由 ZrB_2 和 ZrO_2 组成。从图 4.14 中可以看出，粉末的颗粒形貌仅存在球形。这说明当温度逼近 1 550 ℃时，反应式（1-7）将接近反应完全。

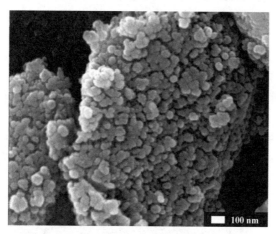

图 4.14　醋酸做络合剂的前驱体 B/Zr（mol.）=2.3 经 1 400 ℃
保温 2 h 热解、碳热还原后粉末的 SEM 照片

图 4.15 是前驱体粉末经 1 550 ℃保温 2 h 热解、碳热还原后粉末的 SEM 照片，可以看出，粉末的颗粒形貌为球形。同样从图 4.6 中可以看出，当热解温度为 1 550 ℃时，仅存在单相的 ZrB_2。

图 4.15　醋酸做络合剂的前驱体 B/Zr（mol.）=2.3 经 1 550 ℃
保温 2 h 热解、碳热还原后粉末的 SEM 照片

从图 4.16 中可以看出，合成的纳米 ZrB_2 粉末的颗粒形貌为球形，且平均晶粒直径与上述 SEM 照片描述的相一致。从图 4.16 中还可以看出，粉末颗粒之间存在着大量的团聚。从 TEM 照片上可以看出，ZrB_2 平均晶粒直径与 SEM 照片描述的是完全一致的。

图 4.16　醋酸做络合剂的前驱体 B/Zr（mol.）＝2.3 经 1 550 ℃
保温 2 h 热解、碳热还原后粉末的 TEM 照片

4.4　本章小结

本章主要采用溶胶-凝胶和碳热还原法合成了颗粒尺寸和形貌均一的纳米 ZrB_2 粉末，对第 3 章提到的实验设计和理论依据进行了验证。使用 XRD、TG-DTA、SEM、TEM 测试手段对粉末进行了表征，主要结论如下。

（1）采用蔗糖作为碳源合成 ZrB_2 粉末，因为蔗糖可以完全分解为碳，有利于控制反应过程中碳的含量。

（2）当起始原料 B/Zr（mol.）＝2.3 和 C/Zr（mol.）＝5 时，合成产物均为单相 ZrB_2，由于在反应过程中 B_2O_3 的挥发，所以硼酸的过量使用是为了弥补 B_2O_3 的损失。

（3）采用醋酸作络合剂和溶剂时成功地合成了纳米 ZrB_2 粉末，从应用方面考虑，不仅简化了实验步骤，减少了原料的使用，而且为将来自制溶胶-凝胶的应用诸如表面涂覆、凝胶注模成型等更接近最终产品的应用提供了实验依据。

（4）前驱体经 1 550 ℃保温 2 h 热解、碳热还原后，成功地合成了颗粒尺寸约分别为 50 nm（乙酰丙酮作络合剂）和 62 nm（醋酸作络合剂），形貌为球形的纳米 ZrB_2 粉末，低于此 1 550 ℃均有残留 ZrO_2。

第5章

二硼化锆纳米粉末的形貌控制

5.1　本章引言

纳米晶粒的长大过程是一种特定的物理、化学过程，其晶体结构和形态取决于晶体结构的对称性、结构基元的作用力、晶格缺陷和晶体生长的环境等，因此粉末形貌控制的研究既要注意到晶体本身的结晶习性，又要考虑到与晶体生长相关的溶液的物理、化学条件的影响[110-112]。

以一维纳米材料，如棒状、带状、纤维状、管状、线状等为例，由于其独特的物理性能、形状效应和量子尺寸效应而受到了人们的普遍关注[113-116]。从应用角度来讲，一维纳米材料在纤维增强材料、纳米元器件和太阳能电池等领域有着极为重要的研究价值。从晶体学和化学角度来讲，研究一维材料的各向异性生长，对于这些基础科学有着非常重要的意义。因此，一维纳米材料的合成与合成研究已成为纳米材料最热门的研究领域之一，也是本研究希望通过控制合成过程来获取的 ZrB_2 粉末颗粒形貌之一。

目前，关于纳米 ZrB_2 粉末颗粒形貌的报道主要以球形为主，虽然至今关于 ZrB_2 粉末颗粒形貌的应用未见报道，但粉末材料的应用具有很多共性特点，如不同的应用背景需要不同的粉末形貌。因而，单一 ZrB_2 粉末颗粒形貌将会成为未来限制 ZrB_2 粉末在更广泛应用背景下使用的潜在障碍之一。

基于此，本章通过溶胶-凝胶和碳热还原法，开展了 ZrB_2 粉末颗粒形貌的控制研究。在采用溶胶-凝胶和碳热还原法合成粉末的过程中，从溶胶、凝胶的形成到热解、碳热还原过程中的各种参数都将可能影响最终粉末的形貌，本章将对这些参数对 ZrB_2 粉末的形貌控制进行实验方面的探索。

在第 4 章采用醋酸做络合剂的研究基础上，本章主要通过改变溶胶、凝胶的形成条件以及热解、碳热还原过程中的各种参数，如凝胶温度、溶液浓度、溶液的 pH 值、碳热还原保温时间等来控制 ZrB_2 粉末的形貌，并通过添加表面活性剂（如聚乙二醇和油酸）改善颗粒的团聚，最终实现控制 ZrB_2 粉末形貌的目的。

另外，第 4 章中考察了不同碳热还原温度对相组成的影响，从图 4.6 中得知，当最终碳热还原温度为 1 550 ℃、保温 2 h 时，得到了单相的 ZrB_2，低于 1 550 ℃均有残留

ZrO$_2$ 存在，所以本章确定最终碳热还原温度为 1 550 ℃、保温 2 h。

5.2　凝胶温度的影响

凝胶温度是影响颗粒形貌的一个重要因素，二氧化锆颗粒在不同温度下的成核速率和生长速率不同，在高温下的成核速率和生长速率都增大，但是生长速率的提高大于成核速率。这是因为当温度高于某一区间范围时，溶液分子运动加剧，反应物初期形成的微小沉淀晶粒相互碰撞的概率增加，自发聚集加剧，有利于二氧化锆颗粒的生长，因此希望通过调节反应过程中的凝胶温度控制二氧化锆颗粒的形貌，从而达到控制 ZrB$_2$ 粉末颗粒形貌的目的。

5.2.1　实验方法

如图 4.2 所描述的实验步骤，在其他条件不变的情况下，将"溶液 2"分别在 25 ℃、45 ℃、65 ℃、75 ℃ 和 85 ℃ 下不断搅拌，并且分别保温 24 h、12 h、3 h、2.5 h 和 2 h，直至得到湿凝胶为止，最后将湿凝胶在 120 ℃ 下真空干燥 3 h，冷却后经手工研磨，得到合成 ZrB$_2$ 粉末所需的前驱体粉末，具体工艺流程如图 5.1 所示。

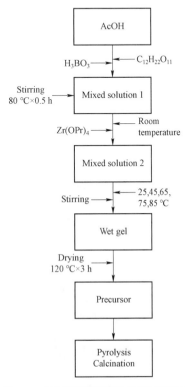

图 5.1　不同凝胶温度的溶胶-凝胶和碳热还原法合成 ZrB$_2$ 粉末的工艺流程图

接下来，将上面得到的前驱体如图 3.3 所描述的热分解、碳热还原加热曲线图进行碳热还原反应。

5.2.2　结果与讨论

图 5.2 是按照图 5.1 的实验流程,采用醋酸做络合剂,凝胶温度分别为 25 ℃、45 ℃、65 ℃、75 ℃ 和 85 ℃ 时形成的前驱体经 1 550 ℃ 保温 2 h 热解、碳热还原后得到的 XRD 图。从图 5.2 中可以看出，在上述条件下获得的最终粉末均为单相 ZrB$_2$。

图 5.3 是在 25 ℃、45 ℃、65 ℃、75 ℃ 和 85 ℃ 的凝胶温度下合成的前驱体经 1 550 ℃ 保温 2 h 热解、碳热还原后合成的 ZrB$_2$ 粉末的 SEM 照片。从照片中可以看出，ZrB$_2$ 粉末颗粒呈四种不同的形貌，分别是棱柱状、球形、链状和棒状的形貌。

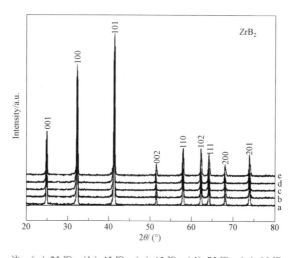

注：（a）25 ℃；（b）45 ℃；（c）65 ℃；（d）75 ℃；（e）85 ℃

图 5.2　不同凝胶温度合成的前驱体 B/Zr（mol.）=2.3 经 1 550 ℃保温 2 h 热解、碳热还原后的 XRD 图谱

注：（a）25 ℃；（b）45 ℃；（c）65℃；（d）75℃；（e）85℃

图 5.3　不同凝胶温度合成的前驱体 B/Zr（mol.）=2.3 经 1 550 ℃保温 2 h 热解、碳热还原后合成的 ZrB$_2$ 粉末的 SEM 照片

表 5.1 汇总了在热解温度为 1 550 ℃、热解时间为 2 h 时的不同凝胶温度及其所对应的凝胶时间，以及在该条件下，所获得的 ZrB_2 粉末的物相组成及形貌特征。

表 5.1　不同凝胶温度及相应的凝胶时间所得样品的物相组成及粉末形貌

凝胶温度/℃	25	45	65	75	85
凝胶时间/h	24	12	3	2.5	2
碳热还原温度/℃	1 550	1 550	1 550	1 550	1 550
相组成	ZrB_2	ZrB_2	ZrB_2	ZrB_2	ZrB_2
形貌	棱柱	球形	球形	链状	棒状

根据胶体化学的知识可以知道，凝胶温度与凝胶时间的关系是成正比的，这是因为随着凝胶温度的升高，形成凝胶的速度加快，从而缩短了形成凝胶的时间。从表 5.1 中所列结果可以看出，凝胶形成的时间确实随着凝胶温度的升高呈现出缩短的趋势，即从 24 h 缩短到了 2 h。但经 1 550 ℃热解 2 h 后，最终都得到了单相的 ZrB_2 粉末，然而其形貌却不同：在 25 ℃、45 ℃、65 ℃、75 ℃ 和 85 ℃ 这五个凝胶温度下，ZrB_2 粉末获得了四种不同的形貌，分别是棱柱状、球状、链状和棒状的形貌。

上述 ZrB_2 粉末形貌的渐变是与其前驱体的形貌直接相关的。当凝胶温度从 25 ℃升高到 45 ℃时，ZrB_2 粉末颗粒的形貌从棱柱状演变为球形，颗粒粒径也随着温度的上升而减小。这可能与胶体颗粒形成的过程有关：从表 5.1 中可以看出，凝胶温度从 25 ℃升高到 45 ℃时，凝胶时间从 24 h 缩短到 12 h。根据结晶学理论，在结晶温度较低的情况下，晶核的成核速率较慢，在这种情况下，结晶过程可能以晶核的长大为主要控制因素；此外，在温度较低的条件下，诸如化学反应、沉淀所需的碰撞、传质等基本要素与高温情况相比都不够充分，这些因素所带来的直接结果就是凝胶时间的明显延长，如果从结晶学角度考虑，就是胶体颗粒的缓慢生长。在生长缓慢的条件下长大的晶体，更倾向于朝着其固有晶体结构的几何外形方向生长。

25 ℃时的凝胶时间是 45 ℃时的 2 倍，长达 24 h，这样缓慢的水解、凝胶速率最终使得颗粒生长为棱柱状几何外形，如图 5.3（a）所示。而 45 ℃的情况正好介于 25 ℃ 和 65 ℃之间，因此其形貌特征也介于两者之间，如图 5.3（b）所示。当凝胶温度为 65 ℃时，晶核的成核速率和长大速率相当，因此形成了粒度比较均匀的球形颗粒，如图 5.3（c）所示。然而，当凝胶温度从 65 ℃升高到 75 ℃时，ZrB_2 粉末颗粒的形貌从球形演变为链状，升到 85 ℃时，颗粒的形貌从链状又演变为棒状，如图 5.3（d）和图 5.3（e）所示。为了研究粉末颗粒形貌的变化机制，我们做了高分辨电镜分析来解释上述现象，结果如图 5.4 所示。

当温度为 75 ℃时，从图 5.3（d）和图 5.4（a）可以看出，颗粒形貌是由球形颗粒链接起来的链状。我们通过对图 5.4（a）中箭头所指处做 HRTEM [图 5.4（b）]，发现图 5.4（a）所示的链状结构是一个典型的多晶结构，放大图 5.4（b）中的方框处 [图 5.4（b）的中下部]，可以清晰地看到两个晶粒之间存在着刃型位错。

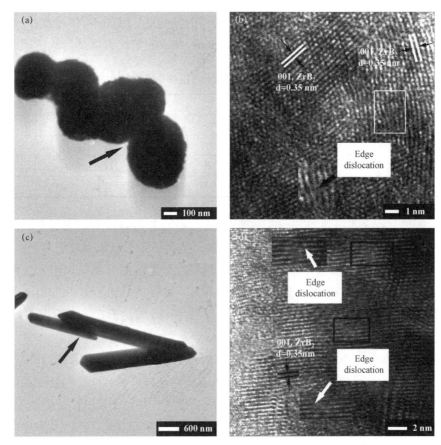

注：（b）为（a）中箭头所指部位的 HRTEM 照片，（d）为（c）中箭头所指部位的 HRTEM 照片：（a）75 ℃；（b）75 ℃；（c）85 ℃；（d）85 ℃

图 5.4　不同凝胶温度的 B/Zr（mol.）= 2.3 的前驱体经 1 550 ℃
保温 2 h 热解、碳热还原后得到的 ZrB_2 粉末的 TEM 照片

由图 5.4（c）可以看出，当温度升高至 85 ℃时，相邻的晶粒逐渐融合，并最终演变成了表面不再具有球形链接特征的棒状结构。但由图 5.3（e）可以看出，这些棒状结构仍然没有成为单晶结构，晶界处的晶面不完全平行，存在着一系列的刃型位错，如图 5.4（d）所示。从图 5.4（b）和图 5.4（d）中可以看出，无论是链状还是棒状，它们共享{001}，且这些格子条纹的平面间距都是 0.35 nm。

分析上述形貌形成、演变的原因，首先从结晶学的角度考虑，纳米颗粒的特殊取向与生长特性可能是一维 ZrB_2 棒形成的重要原因。当凝胶温度为 65 ℃时，图 5.3（c）所示球形颗粒的平均尺寸为 62 nm，根据 Banfield 提出的定向吸附理论[118]，相邻的颗粒趋于分享共同的空间取向，原本相互独立的颗粒通过定向吸附连接在一起，相邻颗粒间形成的新的化学键取代了原来单一颗粒表面的不饱和键，从而使总体的能量降低。显然，图 5.4 的结果印证了这一机理，也就是说，随着温度的升高，纳米颗粒首先定向吸附，相邻颗粒逐渐相互连接、融合在一起，最终形成了一维 ZrB_2。从图 5.4（b）和

图 5.4（d）中的放大照片可以看出，在晶粒交界处存在着一系列的刃型位错。Banfield 定向吸附理论[118]认为，结晶初期析出的晶核是彼此分离、独立存在的，为了使得晶体结构相类似的相邻晶核表面达到完美晶体学配位，在化学键能的驱使下，它们会彼此相互靠近、定向吸附。然而，晶核的表面是存在晶体缺陷的，所以在某些接触表面，晶核之间通过扭曲、变形以便达到最佳晶体配位和化学成键的目的。这样从微观形貌上看，就形成了图 5.4（b）和图 5.4（d）中的刃型位错；而从能量角度看，表面能显著下降。因此，图 5.4（b）和图 5.4（d）中的刃型位错是在粉末颗粒形貌的演化过程中逐渐形成的，从另一方面讲，也是解析多晶一维 ZrB_2 结晶学演化机理的一个切入点。

5.3　溶液浓度的影响

金属有机化合物形成溶胶、凝胶的过程实质上是一个水解过程。在本研究设计的反应体系中，即采用醋酸做络合剂来稳定 $Zr(OC_3H_7)_4$ 时，整个过程中体系没有使用任何外来水，这是因为在反应过程中 AcOH 与反应式（3-3）中生成的醇发生反应，即反应式（3-4）生成水，通过该反应所生成的水，形成一个自循环体系，从而完成 $Zr(OC_3H_7)_4$ 的全部水解反应。这个设想也在第 4.3.1.2 部分得到了实验的验证。

但从水解理论考虑，如果在过程中添加外来水，即改变溶液的浓度，开始时可能会加快水解反应，从而加快形成凝胶的速度。然而，当加水量一旦超过了化学水解计量时，就会减慢形成凝胶的速度。因此，控制外来水的量对于溶胶、凝胶的形成、长大过程可能起着重要的作用。

5.3.1　实验方法

如图 4.2 所描述的实验步骤，在其他条件不变的情况下，在配制好"溶液 1"并加入 $Zr(OC_3H_7)_4$ 之后，分别加入 6 ml 和 10 ml 的水形成"溶液 2"，再将"溶液 2"在持续搅拌的情况下从室温升至 65 ℃，分别保温 3.5 h 和 5 h，直至得到湿凝胶为止，最后将湿凝胶在 120 ℃下真空干燥 3 h，冷却后经手工研磨，得到合成 ZrB_2 粉末所需的前驱体粉末，具体工艺流程如图 5.5 所示。

接下来，将上面得到的前驱体如图 3.3 所描述的热分解、碳热还原加热曲线图进行碳热还原反应。

5.3.2　结果与讨论

图 5.6 是按照图 5.5 的实验流程，采用醋酸做络合剂，分别加入 6 ml、10 ml 的水时形成的前驱体经 1 550 ℃保温 2 h 热解、碳热还原后得到的 XRD 图。从图 5.6 中可

以看出，在上述条件下获得的最终粉末均为单相 ZrB_2。

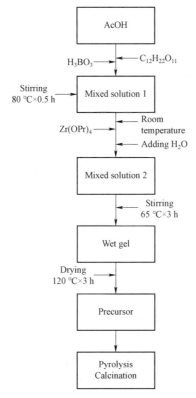

图 5.5　添加外来水的溶胶-凝胶和碳热还原法合成 ZrB_2 粉末的工艺流程图

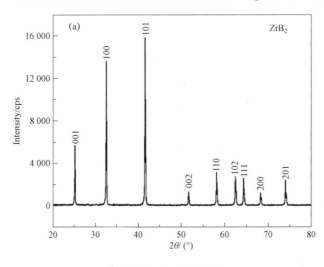

注：（a）6 ml；（b）10 ml

图 5.6　添加不同体积的水合成的前驱体 B/Zr（mol.）=2.3 经
1 550 ℃保温 2 h 热解、碳热还原后得到的 XRD 图谱

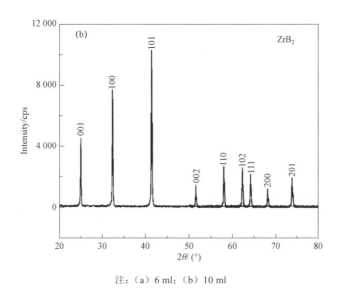

注：（a）6 ml；（b）10 ml

图 5.6　添加不同体积的水合成的前驱体 B/Zr（mol.）=2.3 经
1 550 ℃保温 2 h 热解、碳热还原后得到的 XRD 图谱（续）

从图 5.7 可以看出，ZrB$_2$ 粉末颗粒的形貌为球形，颗粒粒径随着添加水的量的增加变化不明显，但颗粒的团聚现象却随着添加水的量的增加而明显严重。分析团聚的可能原因，Readey 等[119]人认为，水分子中的氢键和颗粒表面的羟基相互作用，形成桥键。这种桥键决定了颗粒间团聚力的大小。当颗粒间距离接近时，会通过氢键和表面羟基相互作用，粉末干燥后，水分子便会脱去，而颗粒间由于相互接近形成化学键，最终产生硬团聚现象[120]。

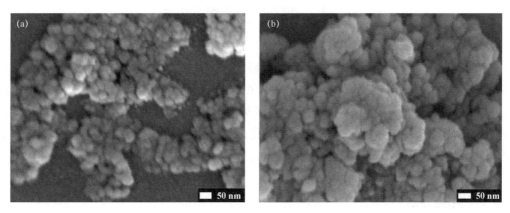

注：（a）6 ml；（b）10 ml

图 5.7　添加不同体积的水合成的前驱体 B/Zr（mol.）=2.3 经 1 550 ℃保温 2 h 热解、
碳热还原后得到的 ZrB$_2$ 粉末的 SEM 照片

表 5.2 汇总了在热解温度为 1 550 ℃、热解时间为 2 h 时的不同外来水添加量及其所对应的凝胶时间，以及在该条件下所获得的 ZrB$_2$ 粉末的物相组成及形貌特征。

表 5.2　不同外来水添加量及相应的凝胶时间所得样品的物相组成及粉末形貌

水的体积/ml	0	6	10
凝胶温度/℃	65	65	65
凝胶时间/h	3	3.5	5
碳热还原温度/℃	1 550	1 550	1 550
相组成	ZrB_2	ZrB_2	ZrB_2
形貌	球形	球形	球形
平均晶粒直径/nm	62	25	20

关于表 5.2 中凝胶时间变化的原因，可以从胶体化学的知识得到答案：当加水量小于化学水解计量时，体系中水的量越多，凝胶时间越短，这是因为水量越多，正丙醇锆的水解程度和缩聚程度越高，加快了凝胶的形成，使凝胶时间缩短；但是当加水量大于化学水解计量时，正丙醇锆水解完全后，多余的水便会附着在胶体颗粒的表面，阻碍胶体颗粒间的进一步缩合，导致凝胶速度变慢，凝胶时间延长。因此，从表 5.2 中可以看出，当不添加外来水时，溶液形成凝胶的速度最快，但随着添加外来水及其体积的增加，凝胶时间顺次延长，这说明采用醋酸做络合剂时，整个过程中体系自身生成的水足以使正丙醇锆完全水解，因此不需要额外的水。当外加水时，其会吸附在 ZrO_2 溶胶粒子的表面，阻碍溶胶粒子间的进一步缩合，导致凝胶速度变慢，凝胶时间延长。

5.4　溶液 pH 的影响

在溶胶-凝胶过程中，溶液的 pH 对最终 ZrB_2 粉末颗粒的形貌有一定的影响，这是因为在酸性条件下容易发生水解反应，在碱性条件下倾向于发生浓缩反应。在溶胶-凝胶过程中，溶液的 pH 不同，经水解和浓缩之后得到的产物也不一样。因此，我们希望通过改变溶液的 pH 来控制二氧化锆颗粒的形貌，从而达到控制 ZrB_2 粉末的形貌的目的。

5.4.1　实验方法

如图 4.2 所描述的实验步骤，在其他条件不变的情况下，在配制好"溶液 1"并加入 $Zr(OC_3H_7)_4$ 之后，添加 NaOH 溶液，形成"溶液 2"，分别调节"溶液 2"的 pH＝6 和 pH＝9，再将"溶液 2"在持续搅拌的情况下从室温升至 65 ℃，分别保温 3 h 和 2 h，直至得到湿凝胶为止，最后将湿凝胶在 120 ℃下真空干燥 3 h，冷却后经手工研磨，得

到合成 ZrB_2 粉末所需的前驱体粉末，具体工艺流程如图 5.8 所示。

接下来，将上面得到的前驱体如图 3.3 所描述的热分解、碳热还原加热曲线图进行碳热还原反应。

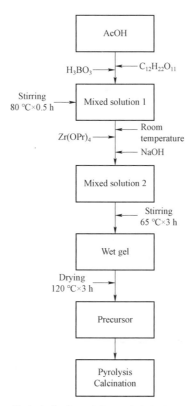

图 5.8　不同溶液 pH 的溶胶-凝胶和碳热还原法合成 ZrB_2 粉末的工艺流程图

5.4.2　结果与讨论

图 5.9 是按照图 5.8 的实验流程，采用醋酸做络合剂，向"溶液 1"中加入 NaOH 分别调节"溶液 2"的 pH＝6、pH＝9 后得到的前驱体经 1 550 ℃保温 2 h 热解、碳热还原后得到的 XRD 图。从图 5.9 中可以看出，在上述条件下获得的最终粉末均为单相 ZrB_2。

从图 5.10 中可以看出，当溶液的 pH＝3、pH＝6 和 pH＝9 时，ZrB_2 粉末颗粒形貌分别为球形和不均一形状。

表 5.3 汇总了在热解温度为 1 550 ℃、热解时间为 2 h 时的不同溶液 pH 值及其所对应的凝胶时间，以及在该条件下，所获得的 ZrB_2 粉末的物相组成及形貌特征。

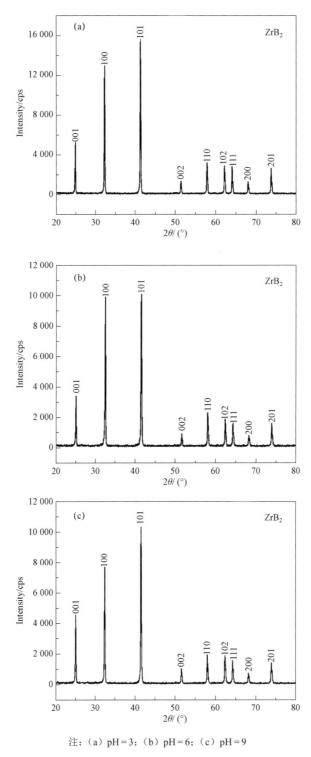

注：（a）pH = 3；（b）pH = 6；（c）pH = 9

图 5.9　不同溶液 pH 值合成的前驱体 B/Zr（mol.）= 2.3
经 1 550 ℃保温 2 h 热分解、碳热还原后得到的 XRD 图谱

注：(a) pH=3；(b) pH=6；(c) pH=9

图 5.10　不同溶液 pH 值合成的前驱体 B/Zr（mol.）=2.3
经 1 550 ℃保温 2 h 热分解、碳热还原后得到的 SEM 照片

表 5.3　不同溶液 pH 值及相应的凝胶时间所得样品的物相组成及粉末形貌

pH	凝胶温度/℃	凝胶时间/h	碳热还原温度/℃	相组成	形貌
3	65	3	1 550	ZrB$_2$	球形
6	65	3	1 550	ZrB$_2$	球形
9	65	2	1 550	ZrB$_2$	不均一

金属有机化合物形成溶胶、凝胶的过程实质上是一个水解过程。溶液的 pH 值直接影响胶体颗粒的成核、生长，从另一方面讲，也可以直接影响胶体颗粒的溶解。因此，溶液的 pH 值变化会导致最终 ZrB$_2$ 粉末形貌上的变化，因为在酸性和碱性的溶液中，合成的中间产物不一样。根据胶体化学知识，在酸性条件下，Zr(OC$_3$H$_7$)$_4$容易发生水解，在碱性条件下则倾向于浓缩，由于溶液的酸碱性不同，所以二氧化锆颗粒的生长方式也不同，导致最终 ZrB$_2$ 粉末的形貌也不一样。从晶体学角度出发，当溶液的 pH<7 时，由于水解后的产物偏碱性，所以在酸性条件下更容易溶解，根据能量最低原理，初生的二氧化锆颗粒会倾向于尽量缩小其表面，以达到减小其表面能的目的，因此容易形成球形形貌，如图 5.10（a）和图 5.10（b）所示；

当溶液的 pH>7 时，又由于水解后的产物偏碱性，所以加快了形成二氧化锆胶核的速率，同时在碱性环境下也加快了二氧化锆胶核的生长速率，因此在这种情况下就形成了图 5.10（c）中的形貌。

5.5 表面活性剂的影响

在合成过程中，纳米粒子的表面形貌和尺寸均受其所处环境的影响。要稳定纳米粒子在液体中的分散体系，主要由减少吸引力、增加排斥力来控制颗粒/液珠形成聚集或絮凝。这可以通过使用非离子表面活性剂或者高分子表面活性剂来实现。Yan 等[78]人采用沉淀法合成 ZrB_2 粉末，在反应过程中通过添加聚乙二醇改善了颗粒之间的团聚；Zhang 等[88]人在控制 TiO_2 粉末形貌的过程中添加油酸合成了形貌为纳米棒的 TiO_2 粉末。

通过添加表面活性剂聚乙二醇和油酸可能改善 ZrB_2 粉末颗粒的形貌，我们开展了如下实验。

5.5.1 实验方法

如图 4.2 所描述的实验步骤，在其他条件不变的情况下，在配制好"溶液 1"并加入 $Zr(OC_3H_7)_4$ 之后，分别加入聚乙二醇和油酸，形成"溶液 2"，再将"溶液 2"在持续搅拌的情况下从室温升至 65 ℃，保温 3 h，直至得到湿凝胶为止，最后将湿凝胶在120 ℃下真空干燥 3 h，冷却后经手工研磨，得到合成 ZrB_2 粉末所需的前驱体粉末，具体工艺流程如图 5.11 所示。

接下来，将上面得到的前驱体如图 3.3 所描述的热分解、碳热还原加热曲线图进行碳热还原反应。

5.5.2 结果与讨论

图 5.12 是采用醋酸做络合剂时，将 $Zr(OC_3H_7)_4$ 溶解到溶液 1 后，分别向其中添加质量分数为 1.5%、3%的聚乙二醇后得到的前驱体经 1 550 ℃保温 2 h 热解、碳热还原后得到的 XRD 图。从图 5.12 中可以看出，当温度为 1 550 ℃时，保温 2 h 热解、碳热还原后得到了单相的 ZrB_2。

图 5.13 是添加不同质量分数的聚乙二醇后合成的前驱体经 1 550 ℃保温 2 h 热解、碳热还原后合成的 ZrB_2 粉末的 SEM 照片。从图 5.13 中可以看出，当添加质量分数为 1.5%的聚乙二醇时，得到的 ZrB_2 粉末颗粒的形貌为比较均匀、规则的棱柱状，如图 5.13（a）所示；当添加质量分数为 3%的聚乙二醇时，得到的 ZrB_2 粉末为比较均匀、规则的球形，如图 5.13（b）所示。

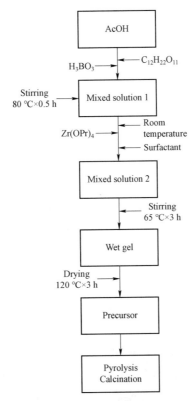

图 5.11　添加表面活性剂的溶胶-凝胶和碳热还原法合成 ZrB$_2$ 粉末的工艺流程图

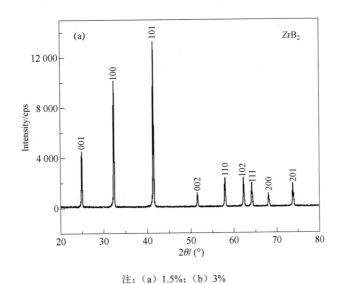

注：（a）1.5%；（b）3%

图 5.12　添加不同质量分数的聚乙二醇合成的前驱体 B/Zr（mol.）= 2.3 经 1 550 ℃
保温 2 h 热解、碳热还原后得到的 XRD 图谱

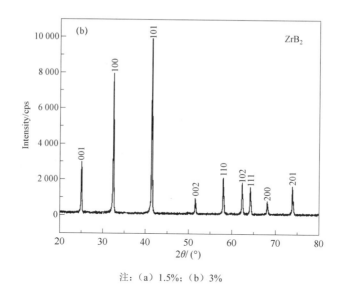

注：（a）1.5%；（b）3%

图 5.12　添加不同质量分数的聚乙二醇合成的前驱体 B/Zr（mol.）= 2.3 经 1 550 ℃
保温 2 h 热解、碳热还原后得到的 XRD 图谱（续）

注：（a）1.5%；（b）3%

图 5.13　添加不同质量分数的聚乙二醇得到的前驱体 B/Zr（mol.）= 2.3
经 1 550 ℃保温 2 h 热分解、碳热还原后合成的 ZrB₂ 粉末的 SEM 照片

　　图 5.14 是添加质量分数为 3%的油酸后合成的前驱体经 1 550 ℃保温 2 h 热解、碳热还原后合成的 ZrB₂ 粉末的 XRD 和 SEM 照片。从图 5.14 中可以看出，得到的 ZrB₂ 粉末为比较均匀、规则的球形。

　　表 5.4 汇总了在热解温度为 1 550 ℃、热解时间为 2 h 时的不同表面活性剂及其所对应的凝胶时间，以及在该条件下，所获得的 ZrB₂ 粉末的物相组成及形貌特征。

　　关于粉末的形貌的形成机理，从图 5.13 中可以看出，添加聚乙二醇的浓度不同，得到的 ZrB₂ 粉末颗粒的形貌也不同。聚乙二醇是一种非离子表面活性剂，在溶液中不以离子的形式存在，所以它的稳定性很高。在无水状态下，聚乙二醇表面活性剂中的聚氧乙烯链呈锯齿形状态，溶于水后醚键上的氧原子与水中的氢原子形成微弱的氢键，分子链

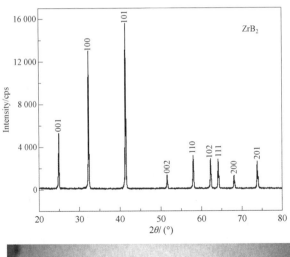

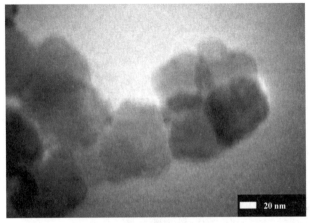

图 5.14　添加质量分数为 3% 的油酸得到的前驱体 B/Zr（mol.）= 2.3 经
1 550 ℃ 保温 2 h 热分解、碳热还原后的 XRD 和 SEM 照片

表 5.4　不同表面活性剂及相应的凝胶时间所得样品的物相组成及粉末形貌

表面活性剂	聚乙二醇	油酸
添加量/%	1.5 和 3	3
凝胶温度/℃	65	65
凝胶时间/h	3	3
碳热还原温度/℃	1 550	1 550
相组成	ZrB_2	ZrB_2
形貌	棱柱和球形	球形

呈曲折状，亲水性的氧原子位于链的外侧，而次乙基（—CH_2CH_2—）位于链的内侧，因而链周围恰似一个亲水的整体。通过聚乙二醇中的亲水基与二氧化锆晶粒不同晶面的相互作用，在晶体生长阶段，改变了二氧化锆颗粒不同晶面方向的生长速度。由于聚乙二醇的浓度不同，吸附在二氧化锆颗粒周围的表面活性剂的数量不同，界面张力也有区别。一般情况下，颗粒的形貌随着表面活性剂的浓度的增大而更趋于形成

更规则的形貌。

添加表面活性剂后，由于吸附的原因，表面活性剂包裹着二氧化锆颗粒，形成了一种空间壁垒，阻碍了颗粒与颗粒之间的相互碰撞、结合，从而降低了粉末颗粒的团聚。

本研究所使用的另一种表面活性剂——油酸属于高分子表面活性剂，分子结构式为：

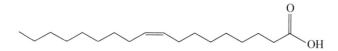

由结构式可以看出，它有一个烯型双键—CH＝CH—和一个羧基—COOH 的长链不饱和脂肪酸，因此具有较大的空间位阻。油酸做表面活性剂的主要作用是由油酸分子中的双键引起空间结构的弯曲，产生空间壁垒，阻碍邻近链的集束，也就是说油酸的作用是稳定单向生长，阻碍二氧化锆晶粒的边界相互连接。由于油酸的空间位阻比聚乙二醇的大，在一般情况下，空间位阻大的活性剂容易形成小颗粒的形貌，所以在油酸的作用下形成了形貌为球形的 ZrB$_2$ 粉末，如图 5.14 所示。

5.6　碳热还原保温时间的影响

从图 4.6 中可以看出，当热分解、碳热还原温度为 1 550 ℃、保温 2 h 时，得到了单相的 ZrB$_2$，所以我们确定了碳热还原温度为 1 550 ℃、保温 2 h。随着热分解保温时间的延长，颗粒之间由于团聚而使颗粒粒径长大。因此，我们希望通过改变热解温度为 1 550 ℃时的保温时间来控制 ZrB$_2$ 粉末颗粒形貌。

5.6.1　实验方法

如图 4.2 所描述的实验步骤合成 ZrB$_2$、醋酸做络合剂，凝胶温度为 65 ℃的前驱体粉末。接下来，将上面得到的前驱体如图 3.3 所描述的热分解、碳热还原加热曲线图进行碳热还原反应。在 1 550 ℃下分别保温 0.5 h、1 h、1.5 h 和 2 h，然后再以 5 ℃/min 的速率降温至室温。

5.6.2　结果与讨论

图 5.15、图 5.16 和图 5.17 是采用醋酸做络合剂时，将 Zr(OC$_3$H$_7$)$_4$ 溶解到"溶液 1"中形成"溶液 2"后，逐步升温到 65 ℃并保温 3 h 后得到的前驱体经 1 550 ℃分别保温 0.5 h、1 h、1.5 h 热解、碳热还原后得到的 XRD 和 SEM 照片。从图 5.15、图 5.16 和图 5.17 中可以看出，当温度为 1 550 ℃时，不同保温时间热解、碳热还原后都得到了单相的 ZrB$_2$。

从图 4.15、图 5.15、图 5.16 和图 5.17 可以看出，ZrB$_2$ 粉末颗粒的形貌为球形，颗粒粒径随着保温时间的延长而增大。

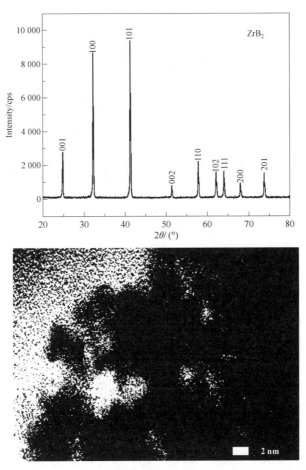

图 5.15　前驱体 B/Zr（mol.）＝2.3 经 1 550 ℃保温 0.5 h 热解、碳热还原后得到的 XRD 和 SEM 照片

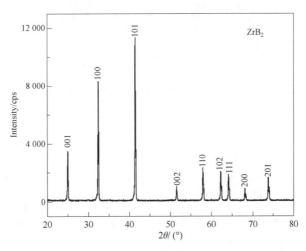

图 5.16　前驱体 B/Zr（mol.）＝2.3 经 1 550 ℃保温 1 h 热解、碳热还原后得到的 XRD 和 SEM 照片

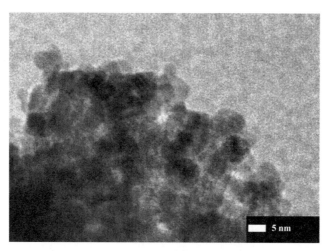

图 5.16　前驱体 B/Zr（mol.）=2.3 经 1 550 ℃保温 1 h 热解、碳热还原后得到的 XRD 和 SEM 照片（续）

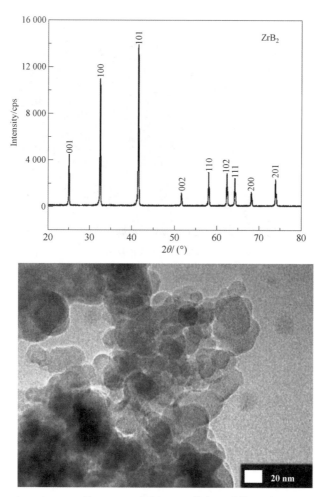

图 5.17　前驱体 B/Zr（mol.）=2.3 经 1 550 ℃保温 1.5 h 热解、碳热还原后得到的 XRD 和 SEM 照片

　　表 5.5 汇总了前驱体经 1 550 ℃不同保温时间热分解、碳热还原后所获得的 ZrB_2 粉末的物相组成及形貌特征。

表 5.5　前驱体经 1 550 ℃不同保温时间热分解、碳热还原后所得样品的物相组成及粉末形貌

保温时间/h	凝胶温度/℃	碳热还原温度/℃	相组成	形貌	平均晶粒直径/nm
0.5	65	1 550	ZrB_2	球形	5
1	65	1 550	ZrB_2	球形	10
1.5	65	1 550	ZrB_2	球形	40
2	65	1 550	ZrB_2	球形	62

　　ZrB_2 粉末粒径随着热解、碳热还原保温时间的延长而增大，可能是由于颗粒趋向于向比表面能减小的方向发展，使其趋向于更稳定。

5.7　本章小结

　　本章主要对第 3.10 中的实验设计进行了验证，通过实验考察了第 3 章中所考虑到的各种参数对 ZrB_2 粉末颗粒形貌及尺寸的影响，合成了不同尺寸的零维纳米 ZrB_2 粉末、一维棒状 ZrB_2 粉末，同时探讨了相应的机理。其主要结论如下。

　　（1）探讨了凝胶温度对产物的相组成和形貌的影响。在凝胶温度分别为 25 ℃、45 ℃、65 ℃、75 ℃和 85 ℃时合成的前驱体经 1 550 ℃保温 2 h 热解、碳热还原后，得到了单相的 ZrB_2 粉末；通过 SEM 观察，在不同的凝胶温度下，ZrB_2 颗粒形貌的演变过程为：棱柱状→球形→链状→棒状；这种链状和一维棒状的 ZrB_2 粉末颗粒形貌迄今为止未见到文献报道。

　　（2）探讨了向体系中添加外来水对产物的相组成和形貌的影响。分别向溶液中添加 6 ml、10 ml 水时合成的前驱体经 1 550 ℃保温 2 h 热分解、碳热还原后，得到了单相的 ZrB_2 粉末；通过 SEM 观察，添加不同体积的外来水后，尽管 ZrB_2 颗粒的形貌没有太大变化，全部为球形，但平均晶粒直径从 62 nm 减小到 20 nm；并且随着水量的增加，颗粒之间的团聚现象比较严重。

　　（3）探讨了 pH 值对产物的相组成和形貌的影响。当溶液的 pH＝3、pH＝6 和 pH＝9 时合成的前驱体经 1 550 ℃保温 2 h 热分解、碳热还原后，ZrB_2 颗粒形貌由球形演变为不均一形状。

　　（4）探讨了表面活性剂对产物的相组成和形貌的影响。分别向溶液中添加质量分数为 1.5%、3% 的聚乙二醇和质量分数为 3% 的油酸时合成的前驱体经 1 550 ℃保温 2 h 热分解、碳热还原后，得到了单相的 ZrB_2 粉末；通过 SEM 观察，添加质量分数分别为 1.5% 和 3% 的聚乙二醇后，ZrB_2 颗粒形貌由棱柱状演变为球形，并且随着聚乙二醇

浓度的增加，降低了颗粒之间的团聚；添加质量分数为3%的油酸后，ZrB_2颗粒形貌为球形。

（5）探讨了碳热还原保温时间对产物的相组成和形貌的影响。当凝胶温度为65 ℃时合成的前驱体经1 550 ℃分别保温0.5 h、1 h、1.5 h 和 2 h 热分解、碳热还原后，得到了单相的 ZrB_2 粉末；通过 SEM 观察，随着保温时间的延长，尽管 ZrB_2 颗粒的形貌没有太大变化，全部为球形，但平均晶粒直径从 5 nm 长大到 62 nm。

第 6 章

合成 ZrB_2-SiC 及 ZrB_2-TiB_2 复合粉末

6.1　本章引言

由于单一 ZrB_2 陶瓷材料的韧性偏低、抗氧化能力弱，限制了它在苛刻作业环境下的应用。而在 ZrB_2 中引入第二相可以显著改善材料的性能，同时可以降低烧结温度，提高烧结致密度。为此，国内外学者采用各种先进的烧结工艺对添加不同组分的 ZrB_2 复合材料进行了大量的研究工作，以改善材料的性能。

对于改善 ZrB_2 的性能，SiC 作为第二相的加入是较好的选择。因为许多研究表明[89-91]，SiC 颗粒的加入不仅能提高 ZrB_2 的抗氧化性能，而且还能提高 ZrB_2 的综合性能。在 ZrB_2 中加入体积分数为 20% 的 SiC 可显著提高其高温抗氧化性能，主要机理为高温时表面生成一层外层是富 SiO_2 玻璃和内层是富 ZrO_2 的氧化层，由于外层的玻璃相具有很好的表面浸润性和愈合性能，而生成的富 ZrO_2 氧化层更是一种典型的热障层，能有效阻止外部热量向材料内部扩散，提高了材料的高温抗氧化性能，可在 2 200 ℃ 以上使用[121]。

TiB_2 作为第二相引入 ZrB_2 基陶瓷中具有颗粒强化的作用，在 ZrB_2 中加入 TiB_2 可显著改善 ZrB_2 基陶瓷的力学性能。因此，对于 ZrB_2 基陶瓷，加入 TiB_2 第二相也是目前认为比较好的选择。

复相陶瓷中第二相在基体中的分散度会直接影响复相陶瓷的各项物理、化学性能，因此对于如何控制好第二相原料粉末的尺寸及其添加方式是决定最终复相陶瓷材料的关键环节之一。过去的研究结果也确实表明[94-96]，第二相原料粉末颗粒的尺寸越小，烧结后在复相陶瓷中的分布越均匀，对 ZrB_2 基复相陶瓷综合性能的提高越有利。

鉴于上述原因，并充分发挥溶胶-凝胶方法的特色，本章按照第 3.11 中的实验设计采用溶胶-凝胶和碳热还原法合成 ZrB_2-SiC 和 ZrB_2-TiB_2 复合粉末。

根据第 3.4 和第 3.11 中的实验设计思想，采用 H_3BO_3、$C_{12}H_{22}O_{11}$、$Zr(OC_3H_7)_4$、TEOS 和 $Ti(OC_4H_9)_4$ 分别为硼源、碳源、锆源、硅源和钛源，AcOH 为溶剂，乙酰丙酮和醋酸分别做络合剂合成 ZrB_2-SiC 和 ZrB_2-TiB_2 复合粉末。

另外，第 4.3.3.2 中考察了不同碳热还原温度对相组成的影响，从图 4.6 中得知，当最终碳热还原温度为 1 550 ℃、保温 2 h 时，得到了单相的 ZrB_2，低于 1 550 ℃均有残留 ZrO_2 存在，所以本章确定最终碳热还原温度为 1 550 ℃、保温 2 h。

6.2 合成 ZrB_2-SiC 复合粉末

6.2.1 实验方法

基于图 3.2 和图 4.1 所描述的合成 ZrB_2 粉末的实验步骤，再根据前人的研究结果[122]普遍认为添加体积含量为 20%的 SiC 性能相对比较好，我们选择合成理论体积配比为 8∶2 的 ZrB_2-SiC 复合粉末，具体合成的工艺流程如图 6.1 所示。在室温下，将 H_3BO_3（2.5 g）和 $C_{12}H_{22}O_{11}$（2.9 g）溶解在连续搅拌的 AcOH（45 ml）中，然后加热到 80 ℃，保温 0.5 h，即形成 H_3BO_3 和 $C_{12}H_{22}O_{11}$ 的混合溶液，该溶液为"溶液 1"。在另外一个

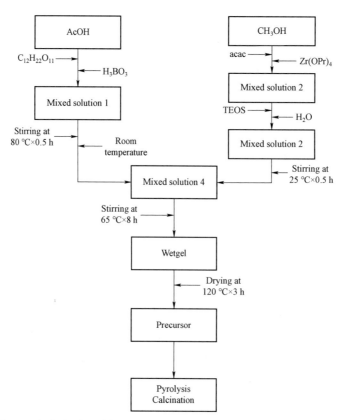

图 6.1　溶胶-凝胶和碳热还原法合成 ZrB_2-SiC 复合粉末的工艺流程图

烧杯中，将 $Zr(OC_3H_7)_4$（6.3 ml）溶解在连续搅拌中的 CH_3OH（25 ml）和 $C_5H_8O_2$（$acac$）（1.2 ml）的混合溶液中，该溶液为"溶液 2"。然后将 TEOS（2.5 ml）缓慢滴入上述不断搅拌的"溶液 2"中。最后将蒸馏水（10 ml）缓慢滴入上述溶液中并连续搅拌 0.5 h，即形成黄色的 ZrO_2-SiO_2溶胶，该溶胶为"溶液 3"。紧接着待"溶液 1"冷却至室温，将"溶液 1"缓慢倒入持续搅拌的"溶液 3"中，从而形成"溶液 4"。将"溶液 4"在持续搅拌的情况下从室温升至 65 ℃，保温 8 h。最后将保温结束后的"溶液 4"在 120 ℃下真空干燥 3 h，冷却后手工研磨得到前驱体粉末。

接下来，将上面得到的前驱体如图 3.3 所描述的热分解、碳热还原加热曲线图进行碳热还原反应，最后得到一种黑色粉末——ZrB₂-SiC 复合粉末。

6.2.2　结果与讨论

6.2.2.1　乙酰丙酮做络合剂时溶胶−凝胶的形成

经乙酰丙酮稳定 $Zr(OC_3H_7)_4$以防止其快速水解，最后形成稳定的 ZrO_2溶胶。采用乙酰丙酮做络合剂可以合成稳定的 ZrO_2-SiO_2溶胶，之所以采用乙酰丙酮做络合剂是因为 TEOS 不需要形成稳定的螯合物，而是直接发生水解，因此需要大量的水来水解才能形成 SiO_2溶胶，否则形成 SiO_2溶胶的速度非常慢，不利于反应。而采用醋酸做络合剂时，实验内部自产生水，产生的水量不能完全水解 TEOS，导致形成 SiO_2溶胶的速度变慢，不利于反应。因此，在合成 ZrB₂-SiC 复合粉末时，采用乙酰丙酮做络合剂。

在形成 ZrO_2-SiO_2溶胶时，ZrO_2溶胶的形成机理同第 4.3.2。SiO_2溶胶的形成机理见反应式（6-1）和反应式（6-2）：

水解：

$$Si\text{-}(OC_2H_5)_4 + 4H_2O \rightarrow Si\text{-}(OH)_4 + 4C_2H_5OH \qquad (6\text{-}1)$$

浓缩：

$$2Si\text{-}(OH)_4 \rightarrow 2(Si\text{-}O\text{-}Si) + 4H_2O \qquad (6\text{-}2)$$

经反应式（4-4）、反应式（4-5）和反应式（6-2），即可形成图 6.1 中的"溶液 3"，即 ZrO_2-SiO_2溶胶，然后再与 H_3BO_3、$C_{12}H_{22}O_{11}$ 和 AcOH 混合形成湿凝胶，该湿凝胶经过干燥和研磨即可得到前驱体粉末。

6.2.2.2　碳热还原温度的影响

按照图 3.3 所描述的热分解、碳热还原加热曲线图以及图 4.3 的 TG-DTA 结果，将得到的前驱体粉末进行热分解、碳热还原。图 6.2 是前驱体热解、碳热还原前后的 XRD 图谱。从图 6.2 中可以看出，120 ℃下真空干燥 3 h 的前驱体粉末的 XRD 图谱不存在任何衍射峰，是典型的非晶体。最后，经 1 550 ℃ 保温 2 h 热解、碳热还原后得到了复相 ZrB$_2$-SiC 粉末。在反应过程中按照反应式（3-5）进行碳热还原合成 SiC。

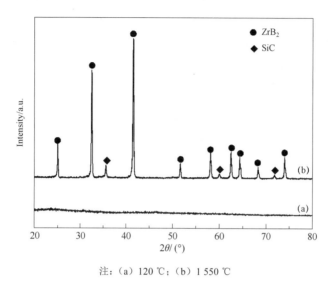

注：（a）120 ℃；（b）1 550 ℃

图 6.2　前驱体 B/Zr（mol.）= 2.3 热解、碳热还原前后的 XRD 图谱

根据已有文献［123，124］可以得知，反应式（3-5）事实上是由下面的反应式（6-3）和反应式（6-4）分两步完成的：

$$C + SiO_2 \rightarrow SiO + CO \tag{6-3}$$

$$2C + SiO \rightarrow SiC + CO \tag{6-4}$$

这里需要注意的是，从反应式（6-3）中可以看出，反应首先形成气体 SiO，然后再与碳发生反应形成 SiC，因此在通入 Ar 气时，气流速度不应太快，否则 SiO 将随着气流挥发掉。

另外，根据以 Debye-Scherrer 方程设计的 Jade5 软件，得到 ZrB$_2$ 和 SiC 晶粒的平均直径分别为 42 nm 和 39 nm。

6.2.2.3　ZrB$_2$–SiC 复合粉末的形貌特征

在溶胶-凝胶和碳热还原法制纳米粉末中，从溶胶、凝胶的形成到热解、碳热还原过程中各种工艺条件都有可能影响粉末颗粒的形貌。图 6.3 是前驱体经 1 550 ℃ 保温 2 h 热解、碳热还原后粉末的 SEM 照片，从图 6.3 中可以看出，粉末颗粒形貌呈等轴状，分散性良好，且颗粒尺寸分布比较均匀。通过 EDS 能谱检测，从 SEM 图中可以看出 ZrB$_2$ 和 SiC 颗粒独立存在。

为了进一步了解本研究合成的 ZrB$_2$-SiC 复合粉末，我们对图 6.3 做了能谱线扫描，分析结果如图 6.4 所示。从图 6.4 中的线扫描结果可以看出 ZrB$_2$ 和 SiC 颗粒，如箭头所示。

图 6.3　前驱体 B/Zr（mol.）＝2.3 经 1 550 ℃保温 2 h 热解、
碳热还原后合成的 ZrB₂-SiC 复合粉末的 SEM 照片

图 6.4　对图 6.3 做的线扫描分析

如前文所述，图 6.2（b）的 XRD 物相分析结果明确表明了该粉末为 ZrB_2 和 SiC 的双相组成。将图 6.2（b）、图 6.3 和图 6.4 的结果结合起来考虑，选用溶胶-凝胶和碳热还原法成功地合成了 ZrB_2-SiC 复相粉末，并且 ZrB_2 和 SiC 颗粒独立存在。

6.3 合成 ZrB_2–TiB_2 复合粉末

6.3.1 实验方法

如图 3.2 和图 4.2 所描述的合成 ZrB_2 粉末的实验步骤，再根据前人的研究结果[98]——添加体积含量为 20% 的 TiB_2 性能相对较好，所以我们选择合成理论体积配比为 8：2 的 ZrB_2-TiB_2 复合粉末，具体工艺流程如图 6.5 所示。将 H_3BO_3（2.7 g）和 $C_{12}H_{22}O_{11}$（2.8 g）溶解在连续搅拌的 AcOH（45 ml）中，然后加热到 80 ℃，保温 0.5 h，即形成 H_3BO_3 和 $C_{12}H_{22}O_{11}$ 的混合溶液，该溶液为"溶液 1"。待"溶液 1"冷却至室温，将 $Zr(OC_3H_7)_4$（5.7 g）缓慢倒入"溶液 1"中，紧接着将 $Ti(OBu)_4$（1.9 g）缓慢滴入上述不断搅拌的溶液中，该溶液为"溶液 2"。然后将"溶液 2"在持续搅拌的情况下从室

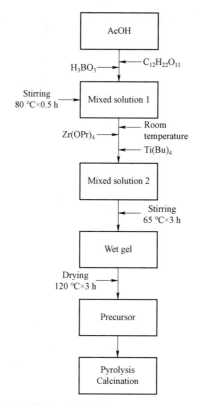

图 6.5　溶胶-凝胶和碳热还原法合成 ZrB_2-TiB_2 复合粉末的工艺流程图

温升至 65 ℃，保温 3 h。最后将保温结束后的"溶液 2"在 120 ℃下真空干燥 3 h，冷却后手工研磨得到前驱体粉末。

接下来，将上面得到的前驱体如图 3.3 所描述的热分解、碳热还原加热曲线图进行碳热还原反应，最后得到一种黑色粉末——ZrB$_2$-TiB$_2$复合粉末。

6.3.2　结果与讨论

6.3.2.1　醋酸做络合剂时溶胶–凝胶的形成

本研究之所以采用醋酸做络合剂合成 ZrO$_2$-TiO$_2$ 溶胶，是由于 Ti(OC$_4$H$_9$)$_4$ 与 Zr(OC$_3$H$_7$)$_4$ 相似，首先会形成钛螯合物，然后再水解和浓缩，因此在反应过程中只要有足够的醋酸就可以快速形成 TiO$_2$ 溶胶。因此，我们在合成 ZrB$_2$-TiB$_2$ 复合粉末时，采用醋酸做络合剂。

在形成 ZrO$_2$-TiO$_2$ 溶胶时，ZrO$_2$ 溶胶的形成机理同第 4.3.2。TiO$_2$ 溶胶形成的机理如同二氧化锆，首先形成钛的螯合物，然后再发生水解和浓缩，最后形成二氧化钛溶胶。

6.3.2.2　碳热还原温度的影响

按照图 3.3 所描述的热分解、碳热还原加热曲线图以及图 4.4 的 TG-DTA 的结果，将得到的前驱体进行热分解、碳热还原。图 6.6 是前驱体热解、碳热还原前后的 XRD 图谱。从图 6.6 中可以看出，120 ℃下真空干燥 3 h 的前驱体粉末的 XRD 图谱不存在任何衍射峰，是典型的非晶体。最后，经 1 550 ℃保温 2 h 热解、碳热还原后，得到了复相 ZrB$_2$-TiB$_2$ 粉末。在反应过程中，按照反应式（3-6）进行碳热还原合成 TiB$_2$。

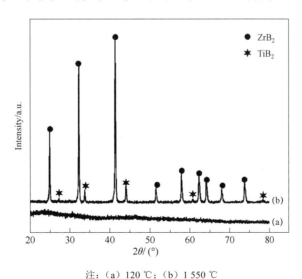

注：（a）120 ℃；（b）1 550 ℃

图 6.6　前驱体 B/Zr（mol.）=2.3 热解、碳热还原前后的 XRD 图谱

另外，根据以 Debye-Scherrer 方程设计的 Jade5 软件，得到 ZrB_2 和 TiB_2 晶粒的平均直径分别为 50 nm 和 30 nm。

6.3.2.3　ZrB_2–TiB_2 复合粉末的形貌特征

在溶胶-凝胶和碳热还原法合成纳米粉末中，从溶胶、凝胶的形成到热解、碳热还原过程中各种工艺条件都有可能影响粉末颗粒的形貌。图 6.7 是前驱体经 1 550 ℃保温 2 h 热解、碳热还原后合成的 ZrB_2-TiB_2 复合粉末的 TEM 照片，从图 6.7 中可以看出，粉末颗粒呈球形，且颗粒尺寸比较均匀。

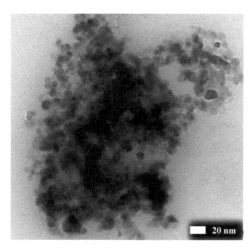

图 6.7　前驱体 B/Zr（mol.）＝2.3 经 1 550 ℃保温 2 h 热解、
碳热还原后合成的 ZrB_2-TiB_2 复合粉末的 TEM 照片

6.4　本章小结

基于第 4 章合成纳米 ZrB_2 粉末的基础，根据第 3.11 中的实验设计，本章采用溶胶-凝胶和碳热还原法，成功合成了理论体积含量分别为 8∶2 的 ZrB_2-20vol%SiC 和 ZrB_2-20vol%TiB_2 复合粉末，验证了第 3.11 中的实验设计。其主要结论如下。

（1）采用正硅酸乙酯作为硅源，经 1 550 ℃保温 2 h 热解、碳热还原后，得到了 ZrB_2-SiC 复合粉末。

（2）采用钛酸丁酯作为钛源，经 1 550 ℃保温 2 h 热解、碳热还原后，得到了 ZrB_2-TiB_2 复合粉末。

第 7 章

结论与展望

7.1 结 论

本研究采用溶胶-凝胶和碳热还原法成功地合成了 ZrB_2 粉末、ZrB_2-SiC 和 ZrB_2-TiB_2 复合粉末，并通过改变从溶胶、凝胶的形成到碳热还原过程中的各种合成参数得到了不同形貌的 ZrB_2 粉末。

根据对 ZrO_2-B_2O_3-C 体系的热力学计算结果，本研究的初步设想是：首先，采用溶胶-凝胶和碳热还原法，以正丙醇锆（$Zr(OC_3H_7)_4$）、硼酸（H_3BO_3）和蔗糖（$C_{12}H_{22}O_{11}$）分别做锆源、硼源和碳源，乙酰丙酮或醋酸做络合剂稳定 $Zr(OC_3H_7)_4$ 以防止其快速水解，合成纳米 ZrB_2 粉末；其次，在合成纳米 ZrB_2 粉末的基础上，合成了 ZrB_2-SiC 和 ZrB_2-TiB_2 双相陶瓷粉末；最后，通过控制溶胶、凝胶形成的物理、化学参数以及碳热还原过程中的工艺参数来控制 ZrB_2 粉末的形貌。

本研究取得的主要创新性成果如下。

（1）提出了蔗糖作为碳源经溶胶-凝胶和碳热还原方法合成纳米 ZrB_2 粉末的体系；发展了以醋酸为络合剂的无水溶胶-凝胶体系的水解机理。

（2）揭示了采用正丙醇锆、蔗糖、硼酸、醋酸作为原料，合成纳米 ZrB_2 粉末的技术路线，发现了该体系控制粉末形貌的关键性因素，阐明了 ZrB_2 粉末形貌演变的晶体学机制；研制了纳米、微米等不同尺寸规格的球状、链状、棒状、棱柱状等 ZrB_2 粉末，从而实现了其形貌的可控。

（3）探明了溶胶-凝胶和碳热还原方法合成 ZrB_2-SiC 和 ZrB_2-TiB_2 双相陶瓷粉末的合成体系和技术路线。

本研究使用正丙醇锆、蔗糖、硼酸和醋酸合成纳米 ZrB_2 粉末的反应体系迄今尚未见到国内外的文献报道；ZrB_2 粉末的形貌控制研究以及链状、棒状、棱柱状等形貌也未见国内外的文献报道；使用正丙醇锆、蔗糖、硼酸、醋酸和正硅酸乙酯或钛酸丁酯合成 ZrB_2-SiC 和 ZrB_2-TiB_2 复合陶瓷粉末也是首次报道。上述反应体系简化了合成过程的工序和步骤，减少了所使用原料的种类。从所使用的四种反应原料得到的结果看，

第 4 章获得的 ZrB_2 纳米粉末与国外采用溶胶-凝胶法合成 ZrB_2 粉末的结果相比,缩短了工艺流程、简化了工序,晶粒度从 200 nm 降到了 62 nm,团聚明显减轻;与国内合成二硼化锆粉末的结果相比,晶粒度从 2~4 μm 降到了 62 nm。

7.2 展 望

从陶瓷材料的生产工艺过程角度考虑,采用溶胶-凝胶和碳热还原法制备陶瓷材料,可以缩短整个工艺流程,直接进行凝胶注模成型,取消了制粉、成型等工艺环节,不仅可以简化工序、节能减排、节约成本,而且可以实现近终型成型,烧结各种异型件。此外,还可以利用所合成的溶胶直接进行表面涂覆、浸渍,扩大其使用范围。

本研究使用正丙醇锆、蔗糖和硼酸分别做锆源、碳源和硼源,醋酸既做溶剂又做络合剂,通过溶胶-凝胶和碳热还原法成功地合成了纳米 ZrB_2 粉末。

本研究与国外溶胶-凝胶法合成二硼化锆粉末的工艺相比,原料从正丙醇锆、酚醛树脂、硼酸、正丙醇、乙酰丙酮、无机酸和水共七种减少到正丙醇锆、硼酸、蔗糖和醋酸四种,使得合成过程由两条流程线变为一条,显著缩短了工艺流程、简化了工序、减少了原材料的种类。从上述使用四种反应原料得到的结果看,本研究所获得的 ZrB_2 纳米粉末与国外的结果相比,团聚明显减轻,粉末晶粒度从 200 nm 降到了 62 nm;与国内的结果相比,晶粒度从 2~4 μm 降到了 62 nm,为将来采用溶胶-凝胶和碳热还原法研制 ZrB_2 陶瓷材料及其相关产品提供了更大的空间和更多的可能性。

上述反应体系迄今尚未见到国内外的相关报道。我们下一步继续开展的工作是在本研究工作的基础上,逐渐向应用方面靠近,主要在凝胶注模成型以及表面涂覆、浸渍方面展开相关研究工作。

参考文献

[1] Upadhya K, Yang J M, Hoffmann W P. Materials for ultra-high temperature structural applications [J]. Journal of the American Ceramic Society, 1997, 76(12): 51-56.

[2] 宋杰光，罗红梅，杜大明，等. 二硼化锆陶瓷材料的研究及展望 [J]. 材料导报，2009，23（2）：43-52.

[3] Bronson A, Ma Y T, Mutso R. Compatibility of refracts orymetal boride/oxide composites at ultra-high temperatures[J]. Journal of the Electrochemical Society, 1992, 139(11): 3183-3196.

[4] Yan Y J, Huang Z R, Dong S M, et al. New route to synthesize ultra-fine zirconium diboride powders using inorganic-organic hybrid precursor[J]. Journal of the American Ceramic Society, 2006, 89(11): 3585-3588.

[5] 施尔畏，夏长泰，王步国，等. 水热法的应用与发展 [J]. 无机材料学报，1996，11（2）：201-214.

[6] Chen L Y, Gu Y L, Yang Z H, et al. Preparation and some properties of nanocrystalline ZrB_2 powders [J]. Scripta Materialia, 2004, 50(7): 959-961.

[7] Kingery W D. Factors affecting thermal stress resistance of ceramic materials [J]. Journal of the American Ceramic Society, 1955, 38(1): 3-15.

[8] Zhang H, Yan Y J, Huang Z R, et al. Pressureless sintering of ZrB_2-SiC ceramics: the effect of B_4C content [J]. Scripta Materialia, 2009, 60(7): 559-562.

[9] Xie S, Iglesia E, Bell A T. Water-assisted tetragonal-to-monoclinic phase transformation of at low temperature [J]. Chemistry of Materials, 2000, 12(8): 2442-2447.

[10] 徐廷鸿，张景德，王洪升，等. 氧化锆纳米粉体的湿化学法制备工艺进展 [J]. 山东陶瓷，2008，31（6）：30-33.

[11] Berry F J, Skinner S J, Bell I M, et al. The influence of pH on zirconia formed from zirconium (IV) acetate solution: characterization by x-ray powder diffraction and raman spectroscopy [J]. Journal of Solid State Chemistry, 1999, 145(2): 394-400.

[12] 赵青，常爱民，简家文，等. 氧传感器用 YSZ 纳米粉体的改性 Sol-Gel 法制备[A]. 第八届全国敏感元件与传感器学术会议论文集 [C]. 北京：中国仪器仪表学会，2003.

[13] 张立德. 超微粉体制备与应用技术 [M]. 北京：中国石化出版社，2001.

［14］ Ahniyaz A, Watanabe T, Yoshimura M. Tetragonal nanocrystals from the $ZrO_{0.5}Ce_{0.5}O_2$ solid solution by hydrothermal method ［J］. Journal of Physical Chemistry B, 2005, 109(13): 6136-6139.

［15］ Ran S, Biest O V, Vleugels J. ZrB_2 powder synthesis by borothermal reduction ［J］. Journal of the American Ceramic Society, 2010, 93(6): 1586-1590.

［16］ Millet P, Hwang T. Preparation of TiB_2 and ZrB_2 influence of a mechano-chemical treatment on the borothermic reduction of titania and zirconia［J］. Journal of Materials Science, 1996, 31(2): 351-355.

［17］ Li R X, Lou H J, Yin S, et al. Nanocarbon-dependent synthesis of ZrB_2 in a binary ZrO_2 and boron system ［J］. Journal of Alloys and Compound, 2011, 509(34): 8581-8583.

［18］ Zhao H, He Y, Jin Z Z. Preparation of zirconium boride powder ［J］. Journal of the American Ceramic Society, 1999, 78(9): 2534-2536.

［19］ William G F. The ZrB_2 volatility diagram ［J］. Journal of the American Ceramic Society, 2005, 88(12): 3509-3512.

［20］ 马成良, 封鉴秋, 王成春, 等. 二硼化锆粉体的工业合成［J］. 硅酸盐通报, 2008, 27（3）: 624-627.

［21］ 殷声. 燃烧合成［M］. 北京: 冶金工业出版社, 1999.

［22］ 张田梅. 自蔓延镁热还原法制备高纯度二硼化锆微粉［D］. 哈尔滨: 哈尔滨工业大学, 2006.

［23］ Licheri R, Orru R, Musa C, et al. Combination of SHS and SPS techniques for fabrication of fully dense ZrB_2-ZrC-SiC composite［J］. Materials Letters, 2008, 62(3): 432-435.

［24］ Tsuchida T, Yamamoto S. Spark plasma sintering of ZrB_2-ZrC powder mixtures synthesized by MA-SHS in air ［J］. Journal of Materials Science, 2007, 42(3): 772-778.

［25］ 方舟. ZrB_2 陶瓷的自蔓延高温合成与烧结［D］. 武汉: 武汉理工大学, 2002.

［26］ 于志强, 杨振国. 燃烧合成 ZrB_2/Al_2O_3 复合粉体及其界面分析［J］. 复合材料学报, 2005, 22（4）: 86-90.

［27］ 施尔畏, 夏长泰, 王步国, 等. 水热法的应用与发展［J］. 无机材料学报, 1996, 11（2）: 201-214.

［28］ Chen L Y, Gu Y L, Yang Z H, et al. Preparation and some properties of nanocrystalline ZrB_2 powders ［J］. Scripta Materialia, 2004, 50(7): 959-961.

［29］ Xie Y L, Thomas H S, Robert F S. Solution-based synthesis of submicrometer ZrB_2 and ZrB_2-TaB_2 ［J］. Journal of American Ceramic Society, 2008, 91(5): 1469-1474.

［30］ 张立德. 纳米材料和纳米结构［M］. 北京: 科学出版社, 2001.

［31］ 王世敏，许祖勋，傅晶. 纳米材料制备技术［M］. 北京：化学工业出版社，2002.

［32］ Suryanarayana C, Froes F H. The structure and mechanical properties of metallic nanocrystals［J］. Metallurgical and Materials Transactions A, 1992, 23(4): 1071-1081.

［33］ 徐华蕊，李凤生，陈舒林，等. 沉淀法制备纳米级粒子的研究——化学原理及影响因素［J］. 化工进展，1996（5）：29-32.

［34］ Sugimoto T. Preparation of monodispersed colloidal particle［J］. Advances in Colloid and Interface Science, 1987, 28: 65-108.

［35］ Lamer V K, Dineger R H. Theory, production and mechanism of formation of monodispersed hydrosols［J］. Journal of American Chemistry Society, 1950, 72(11): 4847-4854.

［36］ Kaliszewski M S, Hener A H. Alcohol interaction with zirconia powders［J］. Journal of American Ceramic Society, 1990, 73(6): 1504-1509.

［37］ 胡黎明，古宏晨，李春忠. 化学工程的前沿——超细粉末制备［J］. 化工进展，1996，13（2）：1-8+12.

［38］ 都有为. 超微颗粒的应用［J］. 化工进展，1993（4）：21-26.

［39］ Morishige K, Kanno F, Ogawara S, et al. Hydrated surfaces of particulate titanium dioxide prepared by pyrolysis of alkoxide［J］. Journal of Physics Chemistry, 1985, 89(20): 4404-4408.

［40］ Brus L. Electronic wave functions in semiconductor clusters: experiment and theory［J］. Journal of Physics Chemistry, 1986, 90(12): 2555-2560.

［41］ Wang Y, Herron N J. Nanometer-sized semiconductor clusters: materials synthesis, quantum size effects, and photophysical properties［J］. Journal of Physics Chemistry, 1991, 95(2): 525-532.

［42］ Hagefld A, Gratze R M. Light-induced redox reactions in nanocrystalline systems［J］. Chemical Reviews, 1995, 95(1): 49-68.

［43］ Wang Y, Herron N J. Nanometer-sized semiconductor clusters: materials synthesis, quantum size effects, and photophysical properties［J］. Journal of Physics and Chemistry, 1991, 95(2): 525-532.

［44］ Ping Y L, Hdjinanayis G C, Sorensen C M, et al. Magnetic properties of fine cobalt particles prepared by metal atom reduction［J］. Journal of Applied Physics, 1990, 67(9): 4502-4504.

［45］ Leon R, Petroff P M, Leonard D, et al. Spatially resolved visible luminescence of self-assembled semiconductor quantum dots［J］. Science, 1995, 267(5206): 1966-1968.

［46］ 杨柏，黄金满，郝恩才，等. 半导体纳米微粒在聚合物基体中的复合与组装［J］. 高等学校化学学报，1997，18（7）：1219-1226.

［47］ Ball P, Garwin L. Science at the atomic scale ［J］. Nature, 1992, 355: 761-766.

［48］ Leggett A J, Chakravarty S, Dorsey A T, et al. Dynamics of the dissipative two-state system ［J］. Reviews of Modern Physics, 1987, 59(1): 1-85.

［49］ Awsehalom D D, Meeord M A, Grinstein G. Observation of macroscopic spin phenomena in nanometer-scale magnets ［J］. Physical Review Letters, 1990, 65(6): 783-786.

［50］ Takagahara T. Effects of dielectric confinement and electron-hole exchange interaction on excitonic states in semiconductor quantum dots ［J］. Physical Review B, 1993, 47(8): 4569-4584.

［51］ Zhu Y, Birringer R, Herv U, et al. X-ray diffraction studies of the structure of nanometer-sized crystalline materials ［J］. Physical Review B, 1987, 35(17): 9085-9090.

［52］ Gleiter H. Nanocrystalline materials ［J］. Progress in Materials Science, 1989, 33(4): 223-315.

［53］ Wunderlich W, Ishida Y, Maurer R. HREM-studies of the microstructure of nanocrystalline palladium ［J］. Scriptal Metall Materials, 1990, 24(2): 403-408.

［54］ Parker J C, Siegel R W. Raman microprobe study of nanophase TiO_2 and oxidation-induced spectral changes ［J］. Journal of Materials Research, 1990, 5(6): 1246-1252.

［55］ 马青. 纳米材料的奇异宏观量子隧道效应 ［J］. 有色金属, 2001, 53 （3）: 51.

［56］ 钟文定, 刘尊孝, 陈海英, 等. $Dy(Fe_{1-x}Ga_x)_2$ 中畴壁的内禀钉扎和宏观量子隧道效应 ［J］. 物理学报, 1995, 44 （9）: 1516-1528.

［57］ 李春忠, 蔡世银, 朱以华. 碱法铁黄合成过程成核生长机理 ［J］. 化学物理学报, 1998, 11 （5）: 410-415.

［58］ 张文敏, 刘强, 汤勇铮. 添加剂对微波法制备均分散 $\alpha\text{-}Fe_2O_3$ 纳米粒子的影响 ［J］. 材料科学与工程, 1999, 17 （2）: 29-32.

［59］ 韩晓斌, 黄丽, 回峥. 微波水解法制备针形 $\alpha\text{-}Fe_2O_3$ 纳米粒子 ［J］. 无机材料学报, 1999, 14 （4）: 669-673.

［60］ 谢玉群, 陈林深. 纤维状氧化铝粉末的制备 ［J］. 材料研究学报, 1999, 13 （3）: 328-330.

［61］ Stert J P, Otterstedtt J E. A study on the preparation and properties of fibrillar boehmite ［J］. Materials Research Bulletin, 1988, 21(10): 1159-1166.

［62］ Toshio M K, Sumio S A. Preparation of alumina fibers by sol-gel method ［J］. Journal of Non-Crystalline Solids, 1988, 100(1-3): 303-308.

［63］ 郑燕青, 施尔畏, 元如林, 等. 二氧化钛晶粒的水热制备及其形成机理研究 ［J］. 中国科学（E 辑）, 1999 （3）: 206-213.

[64] Cheng H M, Ma J M, Zhao Z G. Hydrothermal preparation of uniform nanosize rutile and anatase particles [J]. Chemistry of Materials, 1995, 7(4): 663-671.

[65] Scott W B, Matijević E J. Aluminum hydrous oxide sols: III. preparation of uniform particles by hydrolysis of aluminum chloride and perchlorate salts [J]. Journal of Colloid and Interface Science, 1978, 66(3): 447-454.

[66] 李汶军, 施尔畏, 仲维卓, 等. 负离子配位多面体生长基元的理论模型与晶粒形貌 [J]. 人工晶体学报, 1999, 28（2）: 117-125.

[67] 李汶军, 施尔畏, 田明原, 等. 水热法制备氧化锌纤维及纳米粉体 [J]. 中国科学（E 辑）, 1998, 28（3）: 212-219.

[68] 李汶军, 施尔畏, 殷之文. 晶体的生长习性与配位多面体的形态 [J]. 人工晶体学报, 1999, 28（4）: 368-372.

[69] 刘大星. 国内外钴的生产消费与技术进展 [J]. 有色冶炼, 2000, 20（5）: 4-9.

[70] Stephen M, Fiona C M. Controlled synihesis of inorganic materials using supramolecular assemblies [J]. Advanced Materials, 1991, 3(6): 316-318.

[71] Stephen M. Molecular recognition in biomineralization [J]. Nature, 1988, 332: 119-124.

[72] HHeuer A, Fink D J, Larain V J. Innovative materials proeessing strategies biomimetic approach [J]. Science, 1992, 255(5048): 1098-1102.

[73] Samuel L, Stupp P, Braun V. Molecular manipulation of microstructure biomaterials ceramics and semiconductor [J]. Science, 1997, 277(4): 1242-1248.

[74] Ivan S, Matijevie E. Homogeneous precipitation of caleium carbonates by enzyme catalyzed reaction [J]. Journal of Colloid and Interface Science, 2001, 238(l): 208-214.

[75] 杨林, 丁唯嘉, 安英格, 等. 以葡聚糖为模板控制合成文石型碳酸钙 [J]. 高等学校化学学报, 2004, 25（8）: 1403-1406.

[76] Erdem C H, Filippo M. Preparation of nano-size ZrB_2 powder by self-propagating high-temperature synthesis[J]. Journal of the European Ceramic Society, 2009, 29(8): 1501-1506.

[77] Khanra A K, Pathak L C, Godkhindi M M. Double SHS of ZrB_2 powder[J]. Journal of Materials Processing Technology, 2008, 202(1-3): 386-390.

[78] Yan Y J, Huang Z R, Dong S M, et al. New route to synthesize ultra-fine zirconium diboride powders using inorganic-organmic hybrid precursors [J]. Journal of the American Ceramic Society, 2006, 89(11): 3585-3588.

[79] Hu Q D, Luo P, Zhang M X, et al. Combustion and formation behavior of hybrid ZrB_2 and ZrC particles in Al-Zr-B_4C system during self-propagation high temperature synthesis [J]. Int. Journal of Refractory Metals and Hard Materials, 2012, 31: 89-95.

［80］ Ozge B, Duygu A, Duman I, et al. Carbothermal production of ZrB$_2$-ZrO$_2$ ceramic powders from ZrO$_2$-B$_2$O$_3$/B system by high-energy ball milling and annealing assisted process ［J］. 2012, 38(3): 2201-2207.

［81］ 李运涛, 陶雪钰, 邱文丰, 等. 液相前驱体转化法制备 ZrB$_2$ 粉末 ［J］. 北京化工大学学报（自然科学版）, 2010, 37（4）: 78-82.

［82］ 梁英教, 车荫昌. 无机物热力学数据手册 ［M］. 沈阳: 东北大学出版社, 1994.

［83］ Preiss H, Berger L M, Schultze D. Studies on the carbothermal preparation of titanium carbide from different gel precursors ［J］. Journal of the European Ceramic Society, 1999, 19（2）: 195-206.

［84］ Flego C, Carluccio L, Rizzo C, et al. Synthesis of mesoporous SiO$_2$-ZrO$_2$ mixed oxides by Sol-Gel method ［J］. Catalysis Communication, 2001, 2(2): 43-48.

［85］ 刘博, 孔伟, 叶波, 等. 升温速率对二氧化钛纳米晶形貌的影响 ［J］. 无机材料学报, 2010, 25（9）: 906-910.

［86］ Chang S M, Dong R Y. ZrO$_2$ thin films with controllable morphology and thickness by spin-coated Sol-Gel method ［J］. Thin Solid Films, 2005, 489(1-2): 17-22.

［87］ Wu J, Lin H, Li J B, et al. Effect of precursor pH on the one-dimensional growth of mullite prepared by SOl-Gel method with WO$_3$ catalyst ［J］. Journal of Inorganic Materials, 2009, 24(5): 1077-1080.

［88］ Zhang Z H, Zhong X H, Liu S H, et al. Aminolysis route to monodisperse titania nanorods with tunable aspect ratio ［J］. Angewandte Chemie International Edition, 2005, 44(22): 3466-3470.

［89］ Monteverde F, Bellosi A. Effect of the addition of silicon nitride on sintering behaviour and microstructure of zirconium diboride ［J］. Scripta Materials, 2002, 46(3): 223-228.

［90］ Monteverde F, Guicclardi S, Bellosi A. Advances in microstructure and mechanical properties of zirconium diboride based ceramics ［J］. Materials Science and Engieering: A, 2003, 346(1-2): 310-319.

［91］ Monteverde F, Bellosi A, Guicciardi S. Processing and properties of zirconium diboride-based composites［J］. Journal of the European Ceramic Society, 2002, 22(3): 279-288.

［92］ Monteverde F, Bellosi A. Oxidation of ZrB$_2$-based ceramic in dry air ［J］. Journal of Electrochemical Society, 2003, 150(11): 552-559.

［93］ Tripp W C, Davis H H, Graham H C. Effects of SiC additions on the oxidation of ZrB$_2$ ［J］. The Bulletin of the American Ceramic Society, 1973, 52(8): 612-616.

［94］ Monteverde F, Bellosi A. Development and characterization of metal-diboride-based composites toughened with ultra-fine SiC particulates［J］. Solid State Sciences, 2005,

7(5): 622-630.

[95] Monteverde F. Ultra-high temperature HfB_2-SiC ceramics consolidated by hot-pressing and spark plasma sintering [J]. Journal of Alloys and Compound, 2007, 428(25): 197-205.

[96] Rezaie A, Fahrenholtz W G, Hilmas G E. Effect of hot pressing time and temperature on the microstructure and mechanical properties of ZrB_2-SiC [J]. Journal of Materials Science, 2007, 42(8): 27-35.

[97] Zhu S M, Fahrenholtz W G, Hilmas G E. Influence of silicon carbide particle size on the microstructure and mechanical properties of zirconium diboride-silicon carbide ceramics [J]. Journal of the European Ceramic Society, 2007, 27(4): 2077-2083.

[98] Inagaki J I, Sakai Y, Uekawa N, et al. Synthesis and evaluation of $Zr_{0.5}Ti_{0.5}B_2$ solid solution [J]. Materials Research Bulletin, 2007, 42(8): 1019-1027.

[99] Mendoza-Serna R, Bosch P, Padilla J, et al. Homogeneous Si-Ti and Si-Ti-Zr polymeric systems obtained from monomeric precursors [J]. Journal of Non-Crystalline Solids, 1997, 217(4): 30-40.

[100] Chamberlain A L, Fahrenholtz W G, Hilmas G E, et al. High-strength zirconium diboride-based ceramics [J]. Journal of the American Ceramic Society, 2004, 87(6): 1170-1172.

[101] Opeka M M, Talmy I G, Zaykoski J A. Oxidation-based materials selection for 2 000 ℃ hypersonic aerosurfaces: theoretical considerations and historical experience [J]. Journal of Material Science, 2004, 39(19): 5887-5904.

[102] Mishra S K, Das S, Ramchandrarao P. Microstructure evolution during sintering of self-propagating high-temperature synthesis produced ZrB_2 powder [J]. Journal of Materials Research, 2002, 17(11): 2809-2814.

[103] 熊金松，王玺堂. ZrB_2 在无机非金属材料中的应用现状 [J]. 武汉科技大学学报（自然科学版），2006（3）：229-232.

[104] Press H, Berger L M, Szulzewsky K. Thermal treatment of binary carbonaceous/zirconia gels and formation of Zr(C, O, N) solid solutions [J]. Carbon, 1996, 34(1): 109-119.

[105] Zhan Z Q, Zeng H C. A catalyst-free approach for Sol-Gel synthesis of highly mixed ZrO_2-SiO_2 oxides [J]. Journal of Non-Crystalline Solids, 1999, 243(1): 26-38.

[106] Sanchez C, Livage J, Henry M, et al. Chemical modification of alkoxide precursors [J]. Journal of Non-Crystalline Solids, 1988, 100(1-3): 65-76.

[107] Jain A, Sacks M D, Wang C A, et al. Ceramic enginerring and science processings, 2003, 24(A): 41-49.

[108] Press H, Berger L M, Schultze D. Studies on the carbothermal preparation of

titanium carbide from different gel precursors [J]. Journal of the European Ceramic Society, 1999, 19(2): 195-206.

[109] Bokhimi X, Morales A, Novaro O, et al. Tetragonal nanophase stabilization in nondoped Sol-Gel zirconia prepared with different hydrolysis catalysts [J]. Journal of Solid State Chemistry, 1998, 135(1): 28-35.

[110] 仲维卓, 施尔畏, 华素坤, 等. 水晶中三方偏方面体单形的结晶习性 [J]. 人工晶体学报, 1990 (4): 312-319.

[111] 陈柳, 程兆年, 唐鼎元. 晶体生长过程的分子动力学模拟研究 [J]. 人工晶体学报, 1999, 28 (2): 109-116.

[112] 王立明, 韦志仁, 吴峰. 水热条件下影响晶体生长的因素 [J]. 河北大学学报(自然科学版), 2002, 22 (4): 345-350.

[113] Vantomme A, Yuan Z Y, Du G H, et al. Surfactant-assisted large-scale preparation of crystalline CeO_2 nanorods [J]. Langmuir, 2005, 21(3): 1132-1135.

[114] Sediri F, Gharbi N. Controlled hydrothermal synthesis of VO_2(B)nanobelts [J]. Materials Letters, 2009, 63(1): 15-18.

[115] Xing S X, Zhao G K. One-step synthesis of polypyrrole-Ag nanofiber composites in dilute mixed CTAB/SDS aqueous solution [J]. Materials Letters, 2007, 61(10): 2040-2044.

[116] Zhang H, Yang D, Ma X Y. Controllable growth of se nanotubes and nanowires from different solvent during the sonochemical process [J]. Materials Letters, 2009, 63(1): 1-4.

[117] Manna L, Scher E C, Alivisatos A P, et al. Synthesis of soluble and processable rod-, arrow-, teardrop-, and tetrapod-shaped CdSe nanocrystals [J]. Journal of American Chemistry Society, 2000, 122(51): 12700-12706.

[118] Penn R L, Banfield J F. Imperfect oriented attachment: dislocation generation in defect-free nanocrystals [J]. Science, 1998, 281: 969-971.

[119] Readey M J, Lee R R, Halloran J W, et al. Processing and sintering of ultrafine $MgO-ZrO_2$ and$(MgO, Y_2O_3)-ZrO_2$ powders [J]. Journal of the American Ceramic Society, 1990, 73(6): 1499-1503.

[120] Jones S L, Norman C J. Dehydration of hydrous zirconia with methanol [J]. Journal of the American Ceramic Society, 1988, 71(4): 190-191.

[121] Opeka M M, Talmy I G, Zaykoski J A, et al. Mechnical, thermal and oxidation properties of refractory hafnium and zirconium compounds [J]. Journal of the European Ceramic Society, 1999, 19(2): 405-414.

[122] Zhang H, Yan Y J, Huang Z R, et al. Properties of ZrB_2-SiC ceramics by pressureless sintering [J]. Journal of the American Ceramic Society, 2009, 92(7): 1599-1602.

［123］ Kevorkijian V M, Komac M, Kolar D. Low-temperature synthesis of sinterable SiC powders by carbothermic reduction of colloidal SiO_2 ［J］. Journal of Materials Science, 1992, 27(10): 2705-2712.

［124］ Weimer W, Nilson K J, Cochran G A, et al. Kinetics of carbothermal reduction synthesis of beta silicon carbide ［J］. Aiche Journal, 1993, 39(3): 493-503.